JN112835

エミリー・デュ・シャトレとマリー・ラヴワジエ

＊18世紀フランスのジェンダーと科学

川島慶子——［著］

東京大学出版会

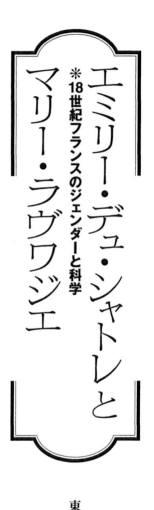

Émilie du Châtelet and Marie-Anne Lavoisier:
The Issue of Gender and Science in 18th Century France
Keiko KAWASHIMA
University of Tokyo Press, 2005
ISBN4-13-060303-5

R・Kに捧ぐ

はじめに——十八世紀は女性の世紀か

本書は十八世紀フランスの前半と後半を生きたふたりの女性、エミリー・デュ・シャトレとマリー・アンヌ・ラヴワジエをジェンダーと科学という視点から再評価する試みである。科学史へのジェンダー・アプローチにはさまざまな方法があるが、ここではとくに、科学者共同体（本書ではこの言葉を、専門家集団というより科学研究者、愛好者のネットワークという意味で使用する）と女性との関係に注目する。

科学者共同体について語るのに、「科学者」という言葉がまだ存在しなかった十八世紀を取り上げるのはなぜなのか、はじめに一言触れておこう。科学史上では、十七世紀のほうが「科学革命の時代」と呼ばれ、ニュートンやガリレオなどわれわれになじみの深い「科学者」を輩出した時代である。十九世紀はもちろん「科学者」という言葉が生まれた——つまり職業科学者が出現した——世紀であり、パストゥール、マクスウェルといった大科学者が多数出現した。彼らの発見は技術と結びつき、人びとの生活を劇的に変えた。鉄道が、写真が、電気が人類の福祉をもたらすのだと十九世紀の人びとは信じたのだ。このふたつの世紀の人びとの、科学に関するメンタリティーは根本的に異なっている。そして、この新しいメンタリティーを用意したのが、いわゆる「啓蒙時代」と呼ばれる十八世紀のヨーロッパである。むしろこの世紀にこそ現代のわれわれの科学観の原点がある、と断言してもよい。

というのも、神の意図を知る目的で自然の法則を探ることに全力を尽くした十七世紀の多くの哲学者の心性を過去のものとし、人である自分を自分自身の主人と規定し、未来を明るいものとしてとらえ、理性の象徴たる科学による人類の福祉を実現可能なものとして意識させた人びとこそ、十八世紀のフィロゾーフと呼ばれた知識人たちだったからである。つまり二十一世紀に生きるわれわれ日本人が現在、「常識」「普遍的」と考えている概念の多くは、じつは十八世紀のヨーロッパに負っているのだ。

フィロゾーフたちは、自分たちとその支持者のつくる文化重視の社会集団を「文芸共和国」と呼んだ。これは国境も身分も超えた学際的な「国」であり、来るべき世界のひとつの見本としてヨーロッパ世界で大きな力をもった。文化のいかなる分野においても、この文芸共和国で認められなければ価値のないものとされたのだ。

この時代はまた、とりわけフランスにおいて「女性の世紀」とも呼ばれた。それは、それまでのどの時代よりも科学を含む学芸の分野で名を馳せた女性たちを数多く輩出したからである。つまりフランスでは、男性のみならず多くの女性も文芸共和国に参加していたのである。この国では、学識ある女たちも先の人間中心的な視点や科学への熱狂と期待を男たちと共有していたのだ。十九世紀の歴史家ゴンクール兄弟による十八世紀フランスの才女たちに捧げられた次のような賛美は、私たちにロココの洗練された優雅さを、彼女たちの華麗な権力を思い浮かべさせる。

作家たちをこうして庇護し、文学の主人役をこうして務め、才人や機知に富んだ作品をこうして管理し、芸術家や芸術作品を射止めてはいても、女性支配は外面的には、この時代のいかなる兆候も留めていない。しかし女性は、空気の中に広がり、この世紀の上空を飛びまわっている権威のようなものを、ここから引き出している。事実、一七〇〇年から一七八九年まで、女性は単にすべてを動かした豪華な原動力であるばかりではなく、上流階級の力、フランスの思想の女王とも見えるのだ。女性は社会の上層に配置された思想であり、人びとの目はこれを見上げ、手はそのほうに伸ばされる。女性は人びとがその前に拝跪する姿であり、礼拝する形である。〔…〕女性を歌わぬ作家はひとりとしてなく、女性に翼を与えぬ筆は一本としてない。〔…〕十八世紀にとって、女性はただ幸福や快楽や愛の神になりおおせたばかりでなく、私的な存在、とりわけ神聖な存在、あらゆる精神高揚の目的、人類のひとつの性に具現化された人間の理想にみごとなりおおせたのである。（Goncourt, pp.374–375）

しかし事態はそう簡単ではない。この時代が科学観のみならず現代に通じるさまざまな概念の基礎を築いたというのなら、ジェンダーに関しても同様のことが成り立つ。そもそもこのジェンダー――社会的性差、つまり「女らしさ」や「男らしさ」といった概念――を生得的と信じるための後押しをしてきたものは何なのだろう。その一番の推進者は西洋世界ではもちろん教会だった。聖書解釈の独占権を握っていた教会は、「神」の名のもとに夫婦の寝室にまでさまざまな規定を設けて、女と男のかくあるべき姿を説いてきた。しかし教会の力を削ごうとするフィロゾーフたちの影響力が強まるにつれ、才女たちが華麗に活躍する裏側で、「女」というものが「神」によってではなく、「科学」、つまり自然の法則によって規定されてゆく。「男」もまたしかりだ。しかも規定する側の「科学」がいかなる価値からも自由な、絶対に疑いのない存在という前提のもとで。そこでは近代科学を生みだし、それに関わってきた人びとが西洋の白人男性に限られていたという事実、つまり科学の担い手の性別、階級、人種、宗教などといった要素は無視された。こうして、前の時代が神に頼って区別してきた男女を、今度は科学が区別しようというのである。しかもその差は、やはり単なる区別ではなく、その裏に価値の上下、つまり差別を含むものだった。十八世紀に確立された科学的性差の理論は、まさしくそれを生んだ社会のジェンダーに強く影響された理論だったのである。

こうして、フィロゾーフたちの共通理念である「人間に普遍的に与えられた理性」という、啓蒙主義の根幹を支えていた思想は、見かけ上はすべての人類に適応できるはずだったが、有色人種に対してと同様、白人女性に対しても無条件に適用されたわけではなかった。啓蒙主義の理想を掲げつつ、フィロゾーフ――つまり「進歩的」とされた白人男性知識人――たちの女性に対する言説は揺れ続けた。彼らはあるときには女性の理性を強調するかと思えば、次の瞬間にはどんな才女でも女性は自分たちの仲間たり得ないと主張したりした。だからたとえば科学者共同体においても、十八世紀の上流夫人たちのかなり専門的な科学熱という「事実」と、学者たちが唱えていた「科学的な」女の本性はつねに矛盾し続けた。そして本書のヒロインであるふたりの女性たちは、自覚的にせよ、無自覚的にせよ、生涯この矛盾を生きることを余儀なくされたのである。彼女らの自尊心をくすぐった名声やその知性への賛美と、彼女らを悩ませた孤独や劣等感、世間からの意地悪な評価は、まさにこの矛盾がもたらした「必然」でもあった。本書ではでき得る限りデュ・シャトレ夫人とラヴワジエ夫人の直接の証言を通して、科学者共同体や文芸共和国のなかで科学に関わった当時の女性とジェンダーとの関係を明らかにしてゆきたい。それは同時に、現代のわれわれが抱える科学とジェンダーの問題の一端をも浮き彫りにしてくれるだろう。

したがって本書では、デュ・シャトレ夫人からすぐに連想される、ヴォルテールの文学、哲学作品との関係で起きた事件、あるいは経済に関するラヴワジエの話にはくわしく触れなかった。それらとこの二女性との関係については、巻末の参考文献を参照していただきたい。

最後に、このふたりの女性の呼称の問題について一言触れておく。「女性にだけ○○夫人、○○嬢とつけるのはまさにジェンダー差別ではないか」という主張が近年なされるようになってきた。著者も同感である。とくにデュ・シャトレ夫人については、夫のデュ・シャトレ侯爵は無名の人物だから、全編彼女をデュ・シャトレと呼んでも、とくに日本では混乱は生じない。事実アメリカではもう何年も前から、本国フランスでも最近は「夫人」をつけない表記の論文が登場している。しかしラヴワジエ夫人のほうに問題がある。まさか「ラヴワジエ」とは書けないからである。しかしいちいちフルネームで書くのはあまりにもくどい。ファーストネームだけを使うという手があるが、これを徹底すると、ほかの登場人物（大多数は男性）を姓で表記する都合上、昔から問題にされているジェンダーの非対称性の問題――男は姓、女は名で呼ばれるべき存在――をくり返すことになる。そこで本書では苦肉の策として、いちおう主としては従来の呼び名である「デュ・シャトレ夫人」「ラヴワジエ夫人」を採用し、適宜「エミリー」「マリー・アンヌ」という呼称を使用することにした。この表現法の混乱もまた、現存するジェンダー問題の一環として受け取っていただきたい。

エミリー・デュ・シャトレとマリー・ラヴワジエ

——18世紀フランスのジェンダーと科学

目次

コラム

エミリー・デュ・シャトレとマリー・ラヴワジエ

――18世紀フランスのジェンダーと科学

第1章

科学革命の時代から啓蒙の時代へ

ジョフラン夫人のサロン(ル・モニエ画, マルメゾン城蔵)

1——啓蒙時代の科学

十七世紀の科学革命

ここではわれらがヒロインたちについて語る前に、まず彼女たちが熱狂した近代科学と、それをもたらした十七世紀の科学革命について簡単な説明をしておこう。

デュ・シャトレ夫人とラヴワジエ夫人が生きた十八世紀のヨーロッパは、科学史上では一般に「通常科学の時代」と呼ばれる。それはその前の十七世紀がいわゆる「科学革命の時代」であり、今日の科学の基本になる考え方、機械論と数学化を二本の柱とした近代科学が誕生した時代であったことに起因する。つまり十八世紀はこの革命を受けて、それを精緻化し応用してゆく直進的な時代だと考えられているわけだ。

この一般化はじつはすべての科学にあてはまるわけではない。というのも、自然を機械のようなものと見なして数学的に記述するという方法は、十七世紀の時点で科学の全分野に応用できたわけではないからだ。たしかに天文学には効果的だった。十七世紀は十六世紀のコペルニクスの説を受けて地動説を唱える傑出した学者たちを次々と輩出した。ガリレオ、ケプラー、デカルト、ハレー、ニュートン。いまや広大な宇宙の中心にあるのは地球ではない。彼らはまた、天上と地上の運動論に関してもそれまでの考えに反対した。これらの新しい科学を説明するための道具として、十八世紀に飛躍的発展をとげる微積分（当時の言葉では無限小解析）を発案したのも十七世紀の人、ライプニッツとニュートンである。これはそれまで幾何学的な論証を中心としてきた数学の世界を、代数学の計算中心のものへと一変させることになる。したがって数学的諸分野に関してはたしかに、十七世紀こそが大革命の時代であると言ってよい。しかしたとえば化学に関してはむしろ、革命は十八世紀に起きた。いわゆる物理学以外の分野が十七世紀に負っているものは、具体的な説や人物ではなく、自然に関する考え方の変化である。「質」を重視するアリストテレス的な考え方と違い、「量」を重視する近代科学の方法には、その前提に測定と計算を可能にするものだけが科学にふさわしい対象物であるという考え方が存在している。視線そのものが逆転したのだ。

以上が大雑把に言って科学の中身に関する十七世紀の変化だが、この時代は科学の制度に関しても大きな変化が起きた。それは世紀後半にフランスとイギリスに誕生したふたつの組織に象徴される、科学研究者集団の公的な認知である。フランスの王立科学アカデミー《アカデミー・ロワイヤル・デ・シアンス》とイギリスの王立協会《ロイヤル・ソサイエティ》は、国家が真のパトロンか単なる認証機関かという違いはあるものの、「王立」という名からわかるように、王国が近代科学をただの知的な遊びではなく、国家に役立つものと考えていたことを意味している。これらは「知は力なり」という言葉で技術的自然支配を唱えた、フランシス・ベーコンの理想の具体化である。

そしてそのためにもっとも重要とされたのが、近代科学の三本目の柱である実験（観察）重視の姿勢だった。

観照《テオリア》を重視したアリストテレスとは反対に、ベーコンは自然に干渉することを良しとした。自然を支配するためには自然の周辺でためらっていてはだめなのだ。そこでは実験的方法こそが新しい理論を導きだす鍵となる。いますぐではないかもしれない。しかし自然の研究者たちが集団となって国家の保護のもとに研究を重ねれば、いつか人間の幸福に役立つものを生みだすことができるだろう。ベーコンが描いたユートピア小説『ニュー・アトランティス』（一六二七）における科学の社会的役割はその後の西欧諸国家で科学政策のモデルとなる。ただしひとつだけ忘れてはならないことがある。ベーコンは近代科学を「男らしい営み」と定義づけて、そこから人類の半分を排除したことだ。科学や技術の結果を享受することは許されても、参加の試みは女性には許されなかった。ベーコンの『ニュー・アトランティス』は圧倒的な男性中心社会である。このことはこの本をトマス・モアの『ユートピア』（一五一六）と比べるといっそうはっきりする。そして王立科学アカデミーも王立協会もベーコンの「女嫌い」の精神を忠実に受け継ぐ。このふたつの組織は女性の入会をけっして認めようとはしなかった。女性たちは支配される「自然」の側に追いやられたのである。近代科学は一見中立の顔をしていたが、そのディスクールの裏に大きなジェンダー問題をはらんでいたのである。

十八世紀における変革

さて、十八世紀には何が起きるのか。ここからは本書のヒロインたちが活躍したフランスの状況を中

コラム1　フランスの王立科学アカデミーとイギリスの王立協会

王立科学アカデミーは、ルイ十四世の財務総官コルベールの発案で一六六六年に国家の保護のもとに王立機関として発足した。その目的は科学の実用性を国家に役立てることと、ヨーロッパにおけるフランス科学の先導という事実を打ち立て、国家的威信を高揚することであった。政府は同時に、フランス語の保護純化を図る目的のアカデミー・フランセーズ（一六三五）、歴史や考古学を扱う碑文・文芸アカデミー（一六六三）、技芸の保護を目的とした絵画・彫刻アカデミー（一六四八）、建築アカデミー（一六七一）なども設立した。ここでももっとも格が高かったのはアカデミー・フランセーズである。アカデミー会員は厳正な審査によって選抜され、フランス人のみからなる少数精鋭の正会員は国家より年金を与えられた。ただしニュートンやハレーなどの著名な外国人学者は、無報酬の外国人会員という枠でここに属していた。

一方、王立協会がチャールズ二世の勅許状を得たのは一六六二年である。ここでは「王立」の意味するものは国家による認証でしかない。協会は会員から会費をとって運営し、現在の学会に近い形態であった。したがってメンバーの多くはアマチュアのジェントルマンである。ただし国家から完全に独立した機関でもなく、政府の諮問に応じて科学に関する勧告をしてきた歴史をもつ。

心に話を進めよう。運動の三法則と万有引力の法則に従っている宇宙を解説したニュートンの『プリンキピア』がイギリスで出版されたのは一六八七年。これは星々の運動も地上の運動も（つまり月が地球の周りを回ることも、リンゴが木から落ちることも）同じ法則に支配されており、かつ数学的に記述できるということを世界ではじめて具体的に示した作品である。しかしただちに認められたわけではない。とくにフランスはこの本を長い間受け入れなかった。ニュートンはむしろ『光学』（一七〇四）によってまずフランスに知られたのである。それはなぜか。まず『プリンキピア』の難解さのせいだ。一六八七年時点でこの本を正しく理解した人間は世界に十人いたか、などとよく言われる。理由はまだある。フランスには対抗馬がいたのだ。その生前はむしろ本国で冷遇されたデカルトの機械論的渦動宇宙論である。

なんと宇宙論を含めたこのデカルトの哲学体系は、むしろのちにこれを崩壊させる決め手になった『プリンキピア』の出版後にフランスで公に認められたのである。デカルト哲学は十八世紀に入るとパリ大学でも正式に教えられるようになった。科学アカデミーでも、次節で述べる常任書記フォントネルらのキャンペーンにより、十八世紀初頭にはデカルト科学が主流となった。科学アカデミーは国家の手厚い保護のもと、だんだんと権力を増してきていたので、デカルト理論はフランス科学界では絶対なものとされたのである。

物質の本質は延長であり、空間と物質とに区別をつけないというデカルト哲学の根本には、宇宙の完全な理解可能性という人間理性に対する限りない信頼が横たわっている。そしてこの「理性」は同時に、十八世紀理解のためのキーワードでもある。「人間に普遍的に与えられた理性」というデカルトの思想を信じたフィロゾーフたちは、この概念を使って教会や神の権威抜きに自分たちの幸せを築こうと考え始めたのである。そして十八世紀科学にもこれらフィロゾーフたちの主張が強く反映されている。たとえ(とくに数学的科学の分野では)十八世紀が通常科学の時代であり、理論のうえではケプラーやニュートンほどの革命をなした学者はいなかったにせよ、彼らの精神はこれら十七世紀の人びとの延長上にはない。中世から十七世紀の学者たちにとって、自然の研究はそのまま神への奉仕であった。キリスト教擁護の科学を推進するボイル・レクチャーズを遺したロバート・ボイルの熱烈な信仰は、ボイルひとりのものではない。学者たちは「人」のためではなく、キリスト教の「神」のために自然の法則を探ろうとしたのだ。その結果が人類の福祉につながっても、それは断じて一番の目的ではなかった。

ところが十八世紀にはこれが大きく揺らいでくる。いわゆる聖俗革命の時代が到来したのだ。十七世

コラム2　ボイル・レクチャーズ

ロバート・ボイルの遺産で始められた講演会。彼はボイルの法則に示されているように、化学の世界に機械論哲学と経験哲学を応用しようとしたことで有名だが、同時にこのような方法でなされた自然研究は人類の福祉だけでなく、信仰の促進にも役立つと信じたひとりであった。ボイルは科学のほかに多数の神学的著作も著した。彼は敬虔な信者として、遺産の一部でキリスト教擁護のための自然研究に関する講演(ボイル・レクチャーズ)を行なう基金を創設した。

紀の末あたりから人びとは過去に栄光を求めなくなってきた。「本当にアダムとイヴが暮らしていた時代が一番すばらしい時代だったのか」「われわれは古代ギリシア・ローマの哲人たちをあがめすぎているのではないか」こんな疑問が知識人の心をかすめだした。人びとは自分たちがつくる現在と未来に希望を託すようになってきた。ここに大きく関与したのが近代科学だった。十七世紀にはほとんどただの理想でしかなかったベーコンのテーゼは、十八世紀にはある程度現実味のあるものとなった。それにつれて人びとは教会に支配されている自分たちの社会に疑いの目を向け始めた。宇宙を創り、そこに自然法則を与えた存在としての神は認めても、奇跡を起こし、人びとを裁くような神は認めないとする理神論が台頭してくる。学者たちの書く科学の本には以前のようには神の話が出てこなくなる。きわめつけはニュートン科学の信奉者で有名なラプラスのエピソードであろう。十八世紀後半にラヴワジエの共同研究者でもあったこの数学者は、「神という仮説」なしに『天体力学』(一七九九―一八二五)を書いたとナポレオンに語ったのである。もちろん地球の成立年代といった分野では、聖書の天地創造の記述を振りかざす神学者の批判はいまだに強かったが、もう誰もそんな批判に脅えはしない。大学は科学研究の中心ではなくなり、パリ大学神学部の批判に、科学アカデミーは耳を貸さない。そして科学アカデミーに批判されなければ何の問題もないのだ。

一七三〇年代から四〇年代にかけて、フランスでは人びとの注目がデカルト理論からニュートン理論へと変わってゆく。もちろんそれは神を抜き去ったニュートン理論であり、計算に関してはライプニッツ式の(つまり現代のわれわれが使っている)記号を用いた微積分が使用される。哲学的背景はニュートトン自身のものではなく、むしろロックの経験主義が居座ることになる。西洋世界に鳴り響く科学アカデミーの絶大な権威とともに、これ以降この形のニュートン科学が十八世紀フランスを支配する。それはデュ・シャトレ夫人が打ち込んだ物理学だけでなく、ラヴワジエ夫人が学んだ化学や博物学にも影響を及ぼすことになる。

2――「才女」の時代

十八世紀フランスの科学を語るには科学アカデミーの存在が欠かせない。国家の科学コンサルタントとして、経度測定法の決定機関として、軍事機器の開発組織として、特許申請の独占機関として、科学アカデミーはフランスの科学と技術のあらゆる分野で絶大な影響力を及ぼし、その会員は西洋世界で大きな尊敬を受けたのである。ロシアやプロシアでもこれを真似た組織がつくられることになる。ここでは、科学アカデミーの成立期に君臨したひとりの自由思想家《リベルタン》が書いた科学啓蒙書を通して、当時の科学と、「才女《プレシューズ》」と呼ばれた女性たちが科学とどのように関係していたのかを見ていこう。

フォントネルと『世界の複数性についての対話』

フォントネルが女性を登場人物のひとりとして描きだしたデカルト宇宙論についての科学対話『世界の複数性についての対話』（以下『対話』とも記す）をはじめて世に問うたのは一六八六年。奇しくもそのデカルト宇宙論を崩壊させることになる『プリンキピア』初版出版の前年であった。このときフォントネルはまだ科学アカデミーとは関係していない。

『対話』は何度も改訂され、作者の生前だけでも三十三版を数えたベストセラーになった。フォントネルは八十歳代になってもこの本を書き直し続けたのだ。そして科学アカデミーとの関連で言うならば、最初は匿名出版されたこの本は、フォントネルが科学アカデミーの事実上の最重要職である常任書記になった翌年の一六九八年に出た第四版より作者名が表に出た。『対話』は一六九八年以降、科学アカデミー常任書記の書いた本として文芸共和国に認知されたのである。そしてこの一六九八年という年は、形式的には一六六六年に設立された科学アカデミーが本格的に活動を始める前年である。つまりそれ以前には、科学アカデミーは女性との関係どころか、男性との関係についてすら一般に明確なイメージはもたれておらず、つまるところ無名の組織だったのだ。ヨーロッパにパリの科学アカデミーが広く認知されたのは、かなりの部分を文筆家として活動していたフォントネルの功績に負っている。とまれ一六九七年から九十九歳で亡くなる一七五九年までの六十二年間、彼が支持したデカルト自然学がすたれてもなお、フォントネルは科学アカデミーの象徴であり、文芸共和国の輝く星であった。

このような観点から『対話』を見直すと、そこに常任書記フォントネルのどのような意図が見えてくるのだろう。この本は対話形式で、登場人物は明らかに作者と同時代人である男性哲学者（作者の分身）と、彼の恋人である魅力的で美しい侯爵夫人である。哲学者は恋人の所有する館で、六夜にわたってデカルト宇宙論について語るのである。この対話には恋愛のディスクールがちりばめられてはいるが、内容はあくまで自然学および形而上学の話で、実際の色事は起こらない。フランスを代表する劇作家コルネイユの甥でもあった名文家フォントネルは、ここで優雅で軽やか、かつエスプリに満ち満ちたフランス語を駆使して、「数学を使わずに」デカルト宇宙論とそこから派生する哲学的問題について明快に解説している。

しかしこの本の珍しさは何よりも、登場人物としてカップルを設定しているということだ。つまりふたりしかいない登場人物の片方は女性なのである。対話形式の科学の本というだけなら、ガリレオの『天文対話』（一六三二）をあげるまでもなく、さほど珍しいものではない。しかしこのような主題に女性が登場するのは、不特定多数に向けた出版物においてはそれまでに類を見ないものだった。では何がフォントネルにこのような着想を許したのか。それこそがフランス文化を代表すると言われた、十七世紀の文芸サロンである。

文芸サロンの才女たちと新しい科学

『対話』初版が出版された一六八六年時点で、すでにこれらの文芸サロンは単なる流行ではなく、パリの知識人世界、いや文芸共和国全体であなどれない力をもっていた。その伝統の始まりは十七世紀の前半に「青い部屋」と呼ばれたランブイエ夫人の私邸の一室で開かれた「礼儀と知性」を重んじる男女の小さな文学的集まりとされている。これは当時のフランス宮廷の野蛮さを嫌った人びとの集まりでもあった。先進国イタリアで育った駐伊大使の娘ランブイエ夫人には、アンリ四世の宮廷は無作法のきわみと映ったのである。「才女」と呼ばれる、自らの知性を誇り、独特の言葉遣いをする女性たちが出現したのはこのときである。彼女たちはときに行き過ぎた上品さを強調し、自分たちに同調しない人びとに排他的な態度を示すこともあった。こういった狭い意味での「才女」は十八世紀には姿を消したが、その学問尊重の精神は十八世紀にも受け継がれ、フランスのサロンのなかに生き続けた。

ただしサロンの主催者は女性だけではない。男性が主催するサロンも存在していた。しかし何と言ってもフランス文化を特徴づけるのは、女主人たちが君臨する華やかで知的なサロンであった。これらのサロンの影響力と、そこに集う貴婦人たちの知的好奇心がどれほど大きなものであったかをもっとも雄弁に物語っているのは、皮肉にも彼女たちを徹底的にこきおろしたモリエールの戯曲『女学者』（一六七二）、『才女きどり』（一六五九）であろう。才女たちへのモリエールの攻撃の激しさはそのまま、彼女たちの存在感の大きさに比例すると言ってよい。しかも彼の戯曲の女学者たちはデカルト宇宙論を支持するのだ。ここから十七世紀の後半には、科学もまたサロンの重要な話題だったことがよくわかる。学芸に興味をもつ上流階級の女性たちは、自分たちを抑圧する旧い体制や偏見を打破する力をデカルト哲学（科学を含む）のなかに見出したのである。

なぜデカルトなのか。それはまずデカルトの『方法序説』（一六三七）が「女子供にもわかる」フランス語で書かれていたことがある。貴婦人とはいえ、学問用語であるラテン語の知識のある者はまれだったから、それだけでもデカルトは近づきやすい存在だった。加えてデカルト派のフェミニストとも言えるプーラン・ド・ラ・バールが一六七三年に『両性の平等について』を世に問うたことからもわかるように、「万人」に理性が与えられているというデカルトのテーゼは、女性たちに自分の理性の力を確信させる力を与えたのである。そこからデカルトの科学も当然彼女たちの興味を引くこととなる。延長と思惟のみが存在するすべてであるとして、徹底的な物心二元論的世界観を展開したデカルト哲学のどこに、両性の不平等を証明するものがあるだろう。世紀後半には、デカルト派の自然学者であるロオーやレジスの公開実験に多くの貴婦人が詰めかけたという。このように『対話』の「侯爵夫人」は、サロンの寵児だったフォントネルの周りに多数存在していたのである。彼は彼女たちが集うサロンで交わされる会話を土壌として、『対話』を練りあげたのだ。

では科学アカデミーの常任書記としてのフォントネルは彼女たちに何を期待したのか。彼はその時々の知見を加えつつ、半世紀にわたって『対話』を改版した。しかし次の枠組みは最後まで変えなかった。

それは「科学の観客、あるいは消費者としての女性を歓迎しよう」という姿勢である。フォントネルはモリエールのように女性たちを科学から遠ざけようとはしなかった。むしろ彼女たちの好奇心に積極的に応えようとした。これは彼が貴婦人たちの好奇心を科学アカデミーとそれが支持する近代科学の繁栄に一役買わせようと考えていたことのあらわれと見てもいい。

というのも、初期の科学アカデミーは切実に観客を必要としていたからだ。そのメンバーを「不滅の人」と呼び習わすアカデミー・フランセーズに比べれば、科学アカデミーはその地位も知名度も低く、会員の年金も安かった。常任書記の役割はまず、専門家集団のみならず、広くフランス社会に科学アカデミーの存在と意義を知らしめることであった。社交界の女性たちを味方に引き入れることができれば、それは大きな力である。「侯爵夫人」のセリフからもわかるように、彼女たちは裕福であり、ある程度の教養も身につけていて、さらに科学の観客となる暇な時間はたっぷりある。ときには陰で政治を操るほどの権力をもつ貴婦人さえ存在した。貴婦人たちの助力については、サロンで学者の本や説を紹介したり、彼らを有力者に紹介したりという社交的なものだけではなく、直接的な経済援助も存在した。しかもそれは金銭に限らない。たとえば貴婦人のお気に入りになれば、彼女の遺産で一生分のコーヒーをもらったり（当時としてはかなりの財産）、彼女が飼っていた珍しい動物をもらったり（博物学者のビュフォンは、ルイ十五世の愛人だったポンパドゥール夫人から珍しい猿をもらっている）することもあった。

そして何よりも重要な点は、これらの女性たちは仮にどれほど科学的な才能があっても、けっして科学アカデミー会員にはなれないということである。先にも書いたが女性には入会資格がない。なぜこれが重要かといえば、彼女たちは現実の世界では絶対に会員の男性とライバル関係にならないからである。公開会議の出席者として、科学アカデミー発行の『年誌《イストワール》』や会員たちの出版物の読者として、また会員や会員候補の学者たちのパトロンとして、これほど「安心」できる存在もあるまい。実際には科学アカデミーの会員（とくに正会員）になるには厳しい審査があるから、男性でも高い科学的能力のない者――つまりほとんどの男性――は会員にはなれない。しかしこの、「形式的には可能性がある」という「事実」をもって、女性と非会員の男性とは、別のカテゴリーとして考えなければならない。「いつの日にか会員に」という「希望」がくだけたとき、はじめから可能性のない女と違って、拒絶された男たち

コラム3　女嫌い

Misogyny の和訳。「女性嫌悪」と訳されることもある。女性学のなかで使われる用語で、日常語としての「女好き」「男好き」の反対の語としての「女嫌い」「男嫌い」という意味ではない。この語は文化のなかに潜む女性に対する嫌悪や怖れ、憎悪、軽蔑、不信の感情を言いあらわす言葉で、性差別主義と深い関係がある。精神分析家のなかには、多くの男性が「女嫌い」になるのは、幼児期に母親という絶対的な存在の女性に支配されたことへの怒りや恨みの感情がその背景にあると主張する者もいる。ただし、男性だけが「女嫌い」になるのではなく、同じ性差別的文化の価値を共有している女性も同様の態度をとる。たとえば本書の例で言うと、フリードリッヒ二世に同調してデュ・シャトレ夫人の科学の能力を頭ごなしに批判したデュ・デファン夫人の態度などは、女性による「女嫌い」の典型的な例である。

のなかには、のちに革命家となるマラー（全アカデミー廃止を訴えた）が抱いたような憎しみをアカデミーというものに抱く可能性がつねにあるからだ。

したがってフォントネルにとってのこうした貴婦人たちの役割には、「安心」という観点から考えると、モリエールとはまた別の限界が定められている。「観客」や「消費者」として科学アカデミーに関わることは賞賛しても、「参加者」としての女性は認めないというジェンダーの限界である。フォントネルは用心深く才女たちの好奇心に結界を設けたのである。なぜそれがわかるかというと、ここで再び逆説的にモリエールの戯曲がそのことを証明している。『女学者』には、ヒロインたちが夫や父親、兄弟の横暴さと無知にうんざりして自分たちのアカデミーを結成しようとする場面が登場する。つまりモリエール自身は揶揄しているものの、ここから当時のサロンの女性たちの隠れた望みの内に「女性のアカデミー」あるいは「女性も参加できるアカデミー」の結成が含まれていたことは明らかである。サロンの食客であったフォントネルがそれに気づかぬはずはない。つまり彼の「観客としての女性」への手放しの賞賛は同時に、「女性の参加」という役割を排除する試みとしても読み解けるのである。むしろ参加の可能性について触れないだけに、モリエールよりなおいっそう巧妙な拒絶と言ってもよい。かくして科学の本や論文、あるいは新しい機械の製作や探険への参加という、科学におけるさまざまな商品の作り手という役割はエリート男性の手に独占されることになる。これはフォントネルがそこまで意識していたという意味ではない。むしろ意識もせずに、この『対話』で女性を賛美していると自分自身で信じていたからこそ、彼はサロンの寵児たり得たのである。そして現実には、多くの貴婦人たちはフォントネルの提示したこの役割を喜んで受け入れたのであった。

『対話』が変える学者と女性イメージ

若き日のフォントネルに『対話』の登場人物についてのヒントを与えたサロンの伝統は、十八世紀になってさらに拡大してゆく。その女主人や女性客たちはフランス全土で知のあらゆる分野に広範な影響力をもつようになっていった。「〇〇夫人のサロンで認められないと△△アカデミーに入ることは無理らしい」などといった噂がまことしやかにささやかれる。科学に対する女性たちの興味、関心もまた例外ではない。いや、この世紀には女性たちの間に一種の科学熱といい得るものが存在した。『対話』はサロンから生まれ、サロンをさらに「科学好み」なものへと変える力の一端をたしかに担っていたのだ。

多くの有力な女性たち——ラ・サブリエール夫人、ランベール夫人、タンサン夫人、ジョフラン夫人など——のサロンでフォントネルはその人生の最後までつねにスターの扱いを受け続けた。彼女たちは彼ら科学アカデミー会員たちを単にもてなすだけでなく、未来の科学アカデミー会員たる若者たちの庇護者になることもあった。それに学者たちがいないときにも、サロンは科学に関わる手紙や本を朗読して宣伝する場にもなった。また有名な科学アカデミー会員を招くことはサロンに箔をつけることにもなった。こうしてフォントネルの狙いどおりに、彼女たちはその知性や財や社交の才をもって多角的に科学アカデミーと近代科学を支援する結果となったのである。

どうして女性たちはフォントネルの提案を喜んで受け入れたのだろう。そこに含まれる知的な女性への「賛美」と、創造の営みとしての科学からのすべての女性の「排除」、というふたつの要素は彼女たちにどう映ったのだろうか。もちろんモリエールのような才女嫌いの雰囲気も一方で根強かったなかで、観客という役割に限るとはいえ、女性の科学熱を好意的に描いたというだけでも女たちがフォントネルの提案を受け入れる十分な理由ではある。しかしそれだけではない。

ここでわれわれが忘れてはならないのは、関係はつねに一方的たり得ないということだ。科学アカデミーが貴婦人たちを「利用」したとすれば、彼女たちもまた科学アカデミーを「利用」したのだ。彼女たちの支持を必要とするということは、そのまま彼女たちの好みを尊重するということでもある。フォントネルの本が女性たちに受けたということは、十七世紀後半の多くのサロンで要求された「礼儀や優雅さ、あるいはエスプリ」といった要素が（もしも貴婦人たちの支持がほしいなら）、学者たちにも要求されるということである。かくして男学者たちは貴婦人から「見られる」存在となってゆく。

サロンで、公開会議で、公開実験で、学者は貴婦人たちの視線を無視できない。彼の言葉は正確であるだけでなく、エスプリにも富んでいなければならない。彼女たちに好意的に宣伝してもらえるかどうかで、本の売れ行きやイベントの人手は大きく違ってくる。どれほど優秀な学者であっても、貴婦人に見限られるとフランスでは絶対にスターにはなれない。フォントネルのような社交的でエレガントな男学者にとっては、貴婦人たちがつきつけたこのような条件は何でもないことだったかもしれないが、こういった要素の欠けている男学者にとって、これはたいへんな課題であった。

実際、ほとんどの公的な地位から締めだされていた女たちが主催するサロンの力というものは、それゆえに制度では絶対にコントロールできない。よく考えてみれば、これほど恐ろしいものはない。現実の地位や権力を餌に、あるいは公の論理をふりかざしても、彼女たちの好みを押さえつけることなどできないのだ。エレガンスやエスプリ、センスといったとらえどころのないもの、科学的なものからもっとも遠いところにあるように見えるものについていまや男学者たちは真剣に考えなければならない。これは同業者の男たちの視線とも、男のパトロンの視線ともまったく違う価値観に基づいている。ここではいわゆる男社会の基準はいっさい通用しない。ただしこれは生得的に男女の価値観が違うという意味ではなく、男女の社会的条件が異なる状況では、それぞれの性が求める価値観が当然違ってくるという意味である。十八世紀の半ばに科学アカデミー会員で数学者のダランベールが「サロンのおかげで幾何学者はもはや野生動物の一種ではなくなった」という言葉を残しているが、これは女性の権力を物語っているなかなか意味深長なセリフである。

ここにあるのは非常に興味深いジェンダー問題だ。「男らしい」科学における創造を、エリート男性の側に独占しておきながら、女性たちに「女らしく」科学アカデミーやそれが支持するパラダイムの有力な観客であってほしいと望んだために、「学者にも『優雅』や『繊細』といった『女らしい』要素を!」という女性たちの要求を無視するわけにはいかなくなったのだ。ここに科学アカデミーと女性たちの間にある種の共犯関係が成立する。

ここで実際の『対話』に戻って、もう一度ジェンダーと科学という視点から考えてみよう。『対話』

では「数学を使わずに」哲学者が侯爵夫人に科学を理解させようとしているのだが、この「数学を使わずに」ということは何を意味しているのだろうか。

じつは科学アカデミーでのフォントネルの専門は数学だった。その彼が数学をはずしたことには大きな意味がある。彼は『対話』で読者対象にしている社交界の人びと（男性も含む）にとって数学がどれほど近づきにくいものであるかを、誰よりもよく理解していた。この傾向は十八世紀にはますますはっきりしてくる。この世紀に科学アカデミーを支配した微積分を必要条件とするニュートン科学（ここで言う「ニュートン科学」は、ニュートン自身の科学ではなく、ライプニッツ風の微積分をベースに『プリンキピア』を再構成したものを指す）は教育を受けた男といえども簡単に理解できるものではない。高等数学の訓練なしにこの分野に関する論文を理解することは不可能だ。しかも女性はたとえ貴婦人でも、制度的に数学教育から切り離されているので、まずついていけない。つまり仮に「参加」だけを認められても、教育制度が変わらなければ女性が参加するのは容易ではない。しかも「数学」はジェンダー的には「男の領域」に属する。女性が数学的科学に挑むことは、学問そのものの難しさに加え、「女らしさ」からの逸脱という二重の困難が存在する。そこまでして得るものは何かと考えるなら、多くの女性が「侯爵夫人」のレベルにとどまるのは当然である。

もうひとつ重要な観点がある。この「侯爵夫人」の特別な魅力である。それは何か。それは「侯爵夫人」が「女」であることに徹しているということだ。モリエールが強調した「妻」役割や「母」役割が『対話』では完全に無視されている。これこそ女性たちが「侯爵夫人」を積極的に支持した理由に違いない。「侯爵夫人」は若く美しく裕福かつ自由である。彼女には恋人のほかにたくさんの崇拝者がいる。ふたりが天について語らうのは「彼女の」館である。夫人は自分をなまけものと形容していることから、貴族の女性としての義務はきわめて軽いと見ていい。つまり彼女は貴婦人としての特権はすべて維持した状態で、社交人としての体面も傷つけることなく、制度としての結婚から完全に切り離された純粋な恋愛を楽しむ「女」としてのみ存在し、しかもそのような彼女の態度は完全に肯定されている。「侯爵夫人」は「義務なき特権をもつ魅力的な女」という、多くの貴婦人たちにとってきわめて都合のよいロールモデルなのである。道徳家たちや教会がなんと説こうが、多くの女性たちは『対話』の「侯爵夫人」を好んだ。ルソーが登場し、モリエールとは違った形で「母性」を美化して流行《はや》らせるその日まで。

第2章

ふたりの才女とふたつの時代

アデライド姫にハープを教えるジャンリス夫人
（モーゼス画，ヴェルサイユ宮美術館蔵）

1――エミリーとマリー・アンヌ

ドラマチックな人生

さて、いよいよデュ・シャトレ夫人とラヴワジエ夫人の話に入るわけだが、くわしい分析の前にこのふたりの簡単なプロフィールを紹介しておこう。彼女たちの名前になじみのない読者でも、ヴォルテールとラヴワジエの名前なら耳にしたことがあるに違いない。前者はフランス文学史上に燦然と輝く十八世紀のフィロゾーフ、この時代を「ヴォルテールの世紀」とまで言わしめたほどに時代精神に影響を与えた作家である。

大ブルジョアの家庭に生まれた生粋のパリジャン、ヴォルテール（図1）は、劇作で、詩で、パンフレット（ここでの「パンフレット」は政治的攻撃文書という意味。日本語のパンフレットとは意味が異なる）で、小説で、科学啓蒙書で、社交活動で、そして夥しい手紙でヨーロッパ中にその名を知られた。彼の「ペン」はまさしく、一国すべての「剣」よりも強い力で当時の人びとを魅了し、脅えさせたのである。エスプリの効いた毒舌や皮肉たっぷりの体制批判のせいで、彼はたびたび国外追放の憂き目にあったが、けっして屈せず、とりわけ宗教的非寛容に対しては最後まで激しく抵抗した。「恥知らずを叩きのめせ」という、狂信者を批判した彼のスローガンは有名である。科学史上では、ニュートン科学をロックの経験論とともにフランス知識人界に広めるのにおおいに貢献した人物である。

ラヴワジエはもちろん、科学史上では「化学革命の父」と呼ばれ、一般には酸素の発見者、質量保存則の発見者として知られる化学者である（図11）。彼もヴォルテール同様大ブルジョアの出身である。ラヴワジエは化学のほか、鉱物学、植物学、動物学にも造詣が深く、これらの総合的な知識が彼に新しい化学の概念をもたらした。さらに応用科学にも熱心で、火薬の開発、都市照明の改善、農業改革などにも手を染め、「科学による人類の具体的幸福」の実践に務め、人びとから尊敬されていた。彼は「知の貴族」たる科学アカデミー会員として、その地位にふさわしい業績をあげた人物である。しかしラヴワジエの活動はそれだけにとどまらない。彼は徴税請負人というフランス政府の高級財務官僚でもあった。この化学者は経済史上でも重要な人物である。

そしてヴォルテールがフランスのアンシャン・レジーム（旧体制）に投げつけた最初の爆弾である風刺書『哲学書簡』（一七三四）で灯した炎はラヴワ

図1　ヴォルテールの肖像画（ラ・トゥール画，ヴェルサイユ宮美術館蔵）

ジエの時代に至って最後の爆弾、つまりフランス革命へと引火してゆく。啓蒙時代のフィロゾーフたちの理想を政治や科学、技術の面で具体化しようと努めたラヴワジエは、財務官でもあったため皮肉にもその啓蒙思想の落とし子であったはずの革命によって命を断たれた。革命は自分たちの精神的支柱であるヴォルテールの遺体をパンテオンに祭る一方で、ラヴワジエの首を刎ねたのである。

つまりヴォルテールとラヴワジエは科学の分野だけでなく、いろいろな意味で近代世界に大きな影響を与えた「公的な」人物である。さてわれらがヒロインたちは彼らとどのような関わりがあるのだろう。ラヴワジエ夫人はラヴワジエの妻であった女性だが、もちろん単なる妻役割に生きた人物ではない。彼女は夫の研究協力者でもあった。化学革命の集大成ともいえるラヴワジエの『化学原論』(一七八九)に収録された実験器具の挿絵は、夫人の作品である(図13、14参照)。ラヴワジエ亡きあとはフランス革命を生き抜き、彼の残した科学論文を出版している。この四人のなかでラヴワジエ夫人だけが十九世紀まで生き延び、つねに当時の政府要人から一目置かれる存在として、また最後まで現役のパリ社交界の貴婦人として生きた。

デュ・シャトレ侯爵夫人は文学史上ではヴォルテールの恋人、「うるわしのエミリー」として名を馳せているが、科学史上では『プリンキピア』の仏訳者といったほうがなじみがあるだろう。この四人のなかでは唯一、貴族階級の出身である。彼女が描かせたコンパスや天球儀入りの肖像画(図2、第3章扉絵参照)には、科学に対するこの女性の自負がよくあらわれている。しかし近年まで一般に流布されたデュ・シャトレ夫人像は、こういった学問的なイメージではない。それは彼女の奔放な恋愛遍歴に関わるものであった。恋多き女であったエミリーは、ヴォルテールを残して、若き青年詩人サン・ランベールとの恋の結果である出産の直後に他界した。

さて、こうしてざっと見ただけでも、われらがヒロインは知的でかつドラマチックな人生を生きた女性である。ところで「女性の世紀」と言われたこの時代であるが、文学や芸術はともかく、科学に関してこれだけの「公的な」足跡を残している女性を探すのはじつは困難である。「はじめに」で引用したゴンクール兄弟の優雅な文章が「暗に」語っているように、多くの女性はどんな分野であろうが外面的つまり公的にはほとんど足跡を残していない。「女性を歌わぬ〔男の〕作家はひとりとしていない」かもしれないが、「女性が歌う」ことはまれなのだ。このふたりの女性は「自ら歌った」まれな存在である。なぜ彼女たちは歴史にその足跡を残し、今日われわれがまがりなりにもその思想の変遷について分析できるほどの史料を残すことができたのだろう。そこにはいくつかのジェンダーに関係するちょっ

図 2　デュ・シャトレ夫人の肖像画（ラ・トゥール画，ブルトゥイユ城，ブルトゥイユ侯爵蔵）

とした奇跡、しかも今日でもやはり「奇跡」と言えるような条件が必要であった。

男爵令嬢エミリー

のちのデュ・シャトレ侯爵夫人、ガブリエル・エミリー・ル・トヌリエール・ド・ブルトゥイユ男爵令嬢が生まれたのは一七〇六年パリ。父はルイ十四世の寵を受けた宮廷の高官であり、自由思想家《リベルタン》の粋人としても知られたブルトゥイユ男爵である。ブルトゥイユ家は十五世紀から続く名門の家柄であり、貴族のなかでも正真正銘の特権階級たる宮廷貴族に属する。母はアンヌ・ド・フルレー、軍人貴族の家柄である。つまりエミリーは名実ともにやんごとなき姫君としてこの世に生を受けたのである。

十八世紀に生まれた貴族や大ブルジョア、つまり上流階級の少女は通常どのような教育を受け、科学に触れる機会はどのくらいあったのだろう。結論から先に言うと、科学に限らずまともな教育を受ける少女はごく少数である。もちろんもっと下の階級では、男女ともに教育という名に値するものにお目にかかれる機会はまずない。これは男子であってもたいして変わらない。だいたいこの時代には義務教育どころか、われわれのイメージするような公教育というものが存在しない。いわゆるコレージュ、神学校、大学といった中等、高等教育機関は女子の入学を認めていない。技術が学べた士官学校の類は言わずもがなである。ただそれでも、上流階級に生まれることは、ほかの階級の少女たちよりはまだしも教育を受けられる可能性があった。つまり、親もしくは後見人に当たる人物の女子教育に関する考え方しだい、ということである。

普通の上流家庭に生まれると次のようになる。産まれた赤ん坊は男女を問わず即刻乳母にあずけられ、たいていはその乳母の家、つまり自分の家の外で暮らすことになる。乳母は自分の赤ん坊をもっと貧しい階級の乳母にまかせる（つまりこのサイクルをくり返すと、全階級で自分で自分の赤ん坊を育てる母親のほうが少数、という事態になる）。乳離れすると今度は家庭教師の手にまかされ（この時点で何割かの子供は死亡している）、女の子はフランス語の読み書き、教理問答、歴史、礼儀作法、ダンス、クラヴサン（ハープシコード）、歌、お絵かきといったごくごく初歩の教育がなされる。男の子にはコレージュや士官学校に入学する準備段階としての予備教育がなされる。ラテン語の初歩なども、男子ならこの時点で教えられる。しかし女の子は十歳にならない前に、たいていは寄宿舎付きの女子修道院付属学校に入れられる。ここでの教育もたいしたものではない。宗教教育はみっちり行なわれるが、それは神学的な議論ではない。要するに従順な娘になるための（疑わずに信じる）宗教教育、社交界に出るための礼儀作法、つまりお稽古ごと中心の「教育」である。また、こうした修道院は単なる学校ではなく、大人の貴婦人の避難所、隠遁所でもあり、また持参金がないために（当時は持参金がないと身分にふさわしい結婚はできなかった）むりやり修道女にさせられる娘たちの生活の場でもあった。要するに学問の場というようなものではなかったのだ。ここを出られるのは親が娘を社交界にデビューさせようとする頃になってからである。そしてそのときにはたいてい、少女たちの結婚相手は決められている。本格的な社交活動が始まるのは（多くの場合いわゆるティーンエイジャーで）結婚してからである。だからこの時代の社交界の主役は、独身女性ではなく既婚夫人である。

男子はどうかというと、家庭教師のあとは、司祭になることを決められた男の子なら神学校に、そのあと高位聖職者を目指すなら大学の神学部にいく。多くは十二歳から十四歳でコレージュという中等学校にいかされ、役人や弁護士などになりたいなら大学の法学部に、医者になりたいなら医学部にということになる（当時の大学には神、法、医の三学部しか存在しない）。軍人になる者は士官学校にいく。家庭教師のみ、という選択肢もある。

ちなみにヴォルテールはコレージュ・ド・ルイ・ル・グランというパリの名門コレージュの優等生であったし、ラヴワジエはやはりパリのコレージュ・マザランから、役人としてのキャリアを積むためにパリ大学の法学部に進学し、法学士の資格を取得している。科学に話を限るなら、このようなコレージュや大学で最先端の科学知識を得ることは期待できない。しかしその基礎になる数学（幾何学や数論）や古典語であるギリシア語やラテン語（この時代、フランス以外ではラテン語で科学論文を書く学者がまだ多かったので、きちんとしたラテン語の知識があれば、それらの自国語翻訳を待たずに論文を読めるという利点があった）などはコレージュや神学校で叩き込まれる。それに、講義自体には古めかしい科学の初歩しかなくとも、教師が個人的に、自分が見込んだ学生に最新の科学的知識を教授したり、有名な学者にその男子を紹介したりするケースもままあるので、こういった学校の利点は無視できない。つまり男子は「その気があれば」学校からかなり多くの科学的知識を身につけることができる。

ヴォルテールがコレージュでとくに良質の科学教育を受けたということはないようだが、ラヴワジエの場合はすぐれた天文学者、数学者であったラ・カイユ師の講義を受けることができた。さらに大学にいくかたわら王立植物園の講義に出席し、当代一の名声を誇ったルエルの博物学講義を受け、その実験室で化学実験の訓練を受けている。ちなみにディドロがこの講義を絶賛し、彼の講義ノートは巷で回覧され書き写されたという話は有名だ。天文台や植物園といった公共の場所での科学の講義は女性でも聴講できたが、その際基本的な知識のあるとないとでは聞き手の理解に大きな差が出るのは明らかである。才女と称えられた女性たちの多くが、成人してから自分たちのバランスを欠いた知識を嘆く証言を残している原因は、こういった幼児期から十代にかけての男女における教育制度の差に根差すところが大きい。

では教育熱心な親をもつ少女の場合はどうなるのだろうか。その典型的な例がブルトゥイユ男爵令嬢エミリーである。ヴォルテールは「フランス女性のうち、あらゆる学問に対して最も豊かな天分を備えている女性」と称えた恋人の少女時代について次のように書き残している。

彼女の父親のブルトゥイユ男爵が彼女にラテン語を学ばせたので、彼女はダシエ夫人〔ラテン語の天才と謳われた古典文学者〕のごとくラテン語に通じていた。彼女はホラティウス、ウェルギリウス、ルクレティウスの最も美しい作品を暗記し、キケロのあらゆる哲学的著作に親しんでいた。

(Voltaire, 1965, pp.3-4)

ここからわかるのは、男爵が娘のために優秀な家庭教師をわざわざ雇ったということだ。実際、このような家庭教育こそがこの時代に女子が高い教育を受ける唯一の可能性であった。娘を溺愛した父親は、当時の一般的習慣に反してエミリーをほとんど女子修道院にいかせなかった。彼女の教育の大部分は両親や家庭教師によって、パリの自邸で受けたものである。彼女はラテン語だけでなく、ギリシア語や数学教育も受けることができた。古典のみならず最近の(つまり教会から見れば多少不敬な要素のある)哲学の本を読むことも禁じられはしなかった。そもそも自由思想家《リベルタン》だった男爵は子供たちをけっして常識や宗教的道徳で縛らなかった。礼儀作法はともかく、学問に関してエミリーは兄や弟と差をつけられることはなかったようである。

男爵はまた、自邸で有名な文芸サロンを主催していた。じつに、ヴォルテールというペンネームを名乗る前の、若き作家フランソワ・マリー・アルエも男爵のサロンの客であった。そして男爵はこの大人の社交場であるサロンに、学問好きで好奇心の強い幼い娘の出入りを許していた。これは例外的なことである。エミリーの少女時代を飾る有名なエピソードとして、男爵のサロンで、彼女がフォントネルから直接、かの『世界の複数性についての対話』について薫陶を受けたというものがある。これだけ見てもエミリーの境遇がかなり例外的で恵まれたものであったということがわかるであろう。

大ブルジョアの令嬢マリー・アンヌ

では、のちのラヴワジエ夫人、マリー・アンヌ・ピエレット・ポールズはどういう少女時代を送ったのか。彼女は一七五八年にオーベルヌ地方のモンブリゾンという町で、ラヴワジエ同様、裕福なブルジョア階級の家庭に生まれる。父親は当時王室検事でのちにラヴワジエの同僚、つまり徴税請負人にもなる、ジャック・ポールズ。母親はやはりブルジョア階級の出で、当時の有力者である財務総監テレ師の姪、クロディーヌ・トワネである。ただし母は彼女が三歳のときに死亡している。じつはエミリーと違って、マリー・アンヌの場合はその幼少期についてほとんど何もわかっていない。史料が残っていないのである。というよりも、この、「史料不足」は、女性史研究が「日常的」に出会う事態であり、ジェンダーの非対称性が如実にあらわれる場面でもある。

ともかくも残された史料から推察するに、ポールズが娘に高度な教育を与えたということはなさそうである。というのも、ラヴワジエ夫人の晩年の食客であり、のちに夫人の追悼文を書く政治家で歴史家のギゾーは、彼女が少女時代に父親の教養のある幅広い交際から間接的な影響を受け、「真剣な学問に敬意を払い、才能のある人物を尊敬する」(Guizot, p.23) という態度を身につけたと証言しているからだ。ブルトゥイユ男爵のように、ポールズもまた自分の哲学的サロンを開いていて、そこでコンドルセやマルゼルブといった知識人がさまざまな話題を提供していた。マリー・アンヌは女子修道院付属学校にいってはいるが、ここに長居はしていない。というのも、彼女がアントワーヌ・ローラン・ラヴワジエと結婚したのは、わずか十三歳の終わり頃だったからである。これは当時としても早婚だ。ひとつだけ確実なのは、マリー・アンヌの父は学問を尊重しただけでなく、娘の気持ちも尊重した人物だったということである。

じつはこの早婚には事情がある。父は娘を不釣り合いな縁談から確実に逃すために、早々とラヴワジエに嫁がせたのである。彼女が十二歳の頃に、テレ師がポールズに、なんとポールズよりも年上で、財産もなく評判も悪いダメルヴァル伯爵という男との縁談話をもってきたからである。ポールズはテレ師の機嫌をそこね、自分の地位を危うくする覚悟でこの話を断った。そのときの手紙が残っているが、そこからわれわれはポールズの人柄を知ることができる。

伯父上、貴方〔テレ師〕から私の娘に縁談話がありましたとき、私としましてはそれはとうてい問題外のお話だと思ったのです。と申しますのも、その方は年齢、性格、財産そのほかの点で、娘にはふさわしくないと考えざるを得ません。私はそこに何ひとつ有利な条件を見出せないのです。ダメルヴァル氏は五十歳で、娘はようやく十三歳になったばかりです。あの方の年金は千五百フランありません。裕福とは言えない娘ですが、それでもいますぐにでもその倍の持参金をもたせることができます。伯父上は彼の性格をよくご存じないのです。彼の性格は娘にも、貴方にも、私にもそぐわないものです。そのうえ私はそれについて確かな情報を得ております。娘はあの方に断固とした嫌悪感を抱いております。ですから私には娘にこの話を無理強いすることなどできません。

(Grimaux, p.36)

ここから読み取れるのはポールズの実際的な生活観念と同時に、娘への愛情である。というのも前半はいかにも実直なブルジョアの見解だが、後半に至ってなんと彼が娘の意向を確かめていることがわかる。これは娘をひとりの人間として認める態度であり、当時の親としてはきわめて珍しい。彼は結婚を単なる「制度」以上のものと考えている。つまりマリー・アンヌもまた幸運だったのだ。三歳で母を亡くした少女にとって、このような勇気と教養をかねそなえていた父の影響力は絶大だったと考えていい。

コラム4　女性史における史料の欠如

歴史のなかで女に関する史料の欠如はあまりにもありふれたことがらで、フェミニズムが台頭する近年までそれについて疑問が呈されることとすらまれだった。この、史料が「残っていない」という事態はきわめて安易に「重要でないから残っていない」という解釈を付加され、それゆえに女に関することがらは「必然的に」重要でないという「烙印」を押されてきた。この「解釈」は同時に、残った史料までも軽視あるいは無視することにつながり、その史料だけでなくそれ以降の史料を抹殺（ときには低い自己評価しかもち得なかったがゆえに、当の女たち自身の手で抹殺された）をうながした。したがって、この「烙印」は長期にわたって「人為的」に補強されてきたということを忘れてはならない。

彼女はこの先、良くも悪しくも、少女時代に父の家で受けた教訓を自分の人生の支えにして生きることになる。

「父の娘」たち

ここまででははっきりしたことは、女子の学校教育制度が充実していなかった当時にあっては、どのような家庭に生まれるかということが、その女性が学問をするようになるかどうかに、男性とは比較にならないほどに決定的な影響を及ぼすということである。とくに父親との関係は重要だ。というのも当時の法律上、財産権や子供の教育権など、家庭での権力を握っていたのは夫だったから、妻が娘に教育熱心でも、夫がこれに反対すれば絶対にうまくいかない。逆は可能である。したがって、父あるいは男の保護者との良好な関係というのは、当時いかなる分野の少女教育にとってもまず絶対必要条件であった。この点このふたりはまずまず理想的な状況であった。とくにエミリーのほうは、クリスチナ女王のように「父が娘を王子として教育させた」などといった極端な例を除けば、まず当時のヨーロッパでトップクラスの条件であろう。ひとつ興味深いことは、このふたりはともに母親とは縁が薄かったことである。マリー・アンヌのほうは早くに母を亡くしてしまったので、母親の影響はないに等しい。エミリーの母は夫よりずいぶんあとまで生きたが、残された記録より判断する限り、エミリーは父親っ子であり、母親との関係はきわめて儀礼的であったようだ。この母娘は貴族の親子としての体面は守ったが、エミリーが本当に思想的に共感していたのは自由思想家《リベルタン》であった父である。

これは科学のジェンダー問題を研究しているアメリカの科学哲学者ケラーが指摘していることだが、「男らしくかつ中性的」分野とされてきた科学に関わる人びとの特徴として、「母親との疎遠な関係」という共通点があるという。だとすればわれらがヒロインたちが双方ともに母親とよりも父親との関係が深く、父を生涯敬愛していた「父の娘」たちだったのも、まったくの偶然ではないかもしれない。

2――「才女」の誕生

さて、当時の少女たちが学問を身につけられるかどうかに関して、生家の次に問題となるのが「結

コラム5　クリスチナ女王

スウェーデンの女王（在位一六三二―一六五四）。父王グスタフ・アドルフに男の子が生まれなかったことから王子として育てられ、高度な教育を施された。女王は国内外の学者との交流を深め、デカルトを家庭教師に招いたことは有名である。しかし身体の弱かったデカルトは、女王の要求した早朝授業のために無理を重ねて体を壊し、友人の流感をうつされ、あっけなく死んでしまう。のちに女王は自ら退位してカトリックに改宗し、イタリアに渡る。しかし法王庁の期待に反してあくまでも自由な知識人として行動し、ローマで没した。

婚」である。この時代の法律では、女性は独身時代は父親の、結婚してからは夫の保護下に入る。十八世紀には、サロン文化のおかげで女性に対する男性の礼儀作法や優雅さ、趣味の良さが宮廷を含むフランス上流社会の絶対的条件であったから、夫が妻に露骨な支配を振りかざすということは少なかったが（そんなことが知れたら、社交界からつまはじきにされた）、それでも根底における支配権は夫のものであった。だいいち妻は自分の持参金すら夫の許可なしでは自由にできない。したがって妻にとって夫とその一族との関係というものは、その逆の関係よりも、大きな影響力をもったのである。それゆえ、高い家庭教育を受けながら、結婚によって女性がその才能を埋もれさせてしまったという話は枚挙にいとまがない。

結婚に関してはふたりの女性はまったく対照的だ。片や貴族の体面にふさわしい家同士の結婚、義務としての世継ぎ、華やかな社交界とあからさまな婚外の恋愛関係。夫婦ばらばらの行動と互いへの悪意なき無関心。片や実直なブルジョア的結婚。夫の研究を手伝い、夫の研究者仲間をもてなす妻。妻のほかにいかなる愛人ももたなかった、「真面目な」財務官兼化学者の夫。ひとつだけ共通点がある。それは夫の親族が妻を全然縛らなかったことだ。ふたりとも結婚した時点で姑にあたる人物はすでに亡くなっていた。ここでも義「母との疎遠な関係」がくり返される。とくにマリー・アンヌは生涯母的立場の女性との、感情的なからみに無縁だった。女友だちはいたが、それは互いを感情的に干渉し合うような「女らしい」関係ではない。

華麗なる貴族の結婚がもたらす妻の「自由」

エミリーが十八歳のとき、ブルトゥイユ男爵は娘の夫として、ロレーヌ地方のやはり旧家であった三十歳のデュ・シャトレ侯爵フロラン・クロードを選ぶ。ただし、長男に残すべき資産を考慮すると、男爵は莫大な持参金を娘につけてやれない。ブルトゥイユ家はそこまでの大金持ちではなかった。ということはデュ・シャトレ家もまた、名家ではあるものの大金持ちではない。つまりこの二家は釣り合っていたのだ。しかしエミリーはこれで男爵令嬢から侯爵夫人になり、婚家のおかげで、宮廷で国王や王妃の前で腰をかける権利をもつタブレという地位も手に入れる。当時は貴族であっても、たいていの者は王族の前で座ることは許されていなかったのだ。彼女はこうして実家や婚家の力によって、ルイ十五世の宮廷で人もうらやむさまざまな特権を手に入れた。その恵まれた育ちから考えても、デュ・シャトレ侯爵夫人は当然誇り高い、高慢とも言える貴婦人となる。

父の選択はある意味では正しかった。ブルトゥイユ男爵は娘の激しい気性と自由を求める性向を理解していた。デュ・シャトレ侯爵は才人ではなかったが、妻の才能に嫉妬して、彼女の学問の邪魔をするような人物でもなかった。侯爵は妻の知性に感嘆し、この知性に対する世間の評判はむしろ、由緒正しいデュ・シャトレ家の誇りになるとさえ考えていた。さらに彼は一連隊を率いている軍人で、戦場から戦場へと向かう生活をしていたから、エミリーにとって留守がちな夫だった。しかも夫の母親はすでに亡く、彼は長男だから、必然的にデュ・シャトレ家の最高位の女性は侯爵夫人たるエミリーだ。彼女はこの立場を利用して、デュ・シャトレ家の所有する館やアパルトマンの内装、あるいは庭園を自分好みに変えたりしている。けっして遠慮などしない。そのうえ子供のことでも幸運だった。一七二五年に結婚してから立て続けに妊娠し、女の子（一七二六）と男の子（一七二七）を出産している。男子出産は侯爵夫人としての義務であるが、エミリーは早々と身軽になった。まだ二十歳だったのだ。

侯爵家は領地のひとつであるスミュール地方に城を構えていたから、エミリーは夫の命でそこに住まわされ、夫の留守を守る地方城主の奥方として一生を終わることもあり得たが、そうはならなかった。都会っ子の彼女はその道を好まなかったし、夫もそれを強制しなかった。デュ・シャトレ氏のこの温和な性格はエミリーにとって、父の理解につぐふたつめの幸運だった。彼女は新婚の頃、スミュールの城で形而上学や数学の読書三昧にふけったり、隣人のメジェール氏から幾何学を習ったりしている。

男子出産ののちは、田舎を捨ててパリを拠点とすることに決めた。もちろんパリにもデュ・シャトレ家の館がある。こうして何の不和もなく、侯爵夫妻は別居状態となり、公式行事以外では、エミリーは自由に過ごすようになった。子供たちの世話は「貴族らしく」乳母にまかせっきりだから、けっして彼女の自由を妨げない。このときから二十六歳でヴォルテールと再会するまで、次男出産前後（一七三三年三月）の一時期を除いて、エミリーは社交界の楽しみにふけることになる。これはまさにフォントネルの「侯爵夫人」を絵に描いたような生活である。しかし「才女」はまだ本当に目覚めてはいない。

実直なブルジョアの結婚が生んだ才女

マリー・アンヌの結婚はあわただしかった。ダメルヴァルとの結婚話から完全に娘を救うためには、誰かと結婚させてしまうのが確実だと思ったポールズは、仲のよい同僚で、自分よりも裕福かつ将来有望な二十八歳の青年、アントワーヌ・ローラン・ラヴワジエに目をつける。青年はこの申し出をこばまなかったし、マリー・アンヌにも異存はなかった。彼女はエミリーと違って、婚約者と婚約時代にきちんと話す機会があったはずである。愛情があったのだろうか。ラヴワジエの伝記作家のひとりであるドーマは次のように書いている。

マリー・アンヌは活発で知的だ。彼女は、その行く手にあまりにも大きな名声が横たわっている男に受け入れられたということを、その鋭い才気で光栄なものと考えた。彼は裕福だし容貌も魅力的である。みんながしたり顔で彼の将来について話している。これでは小さな少女に、これみよがしにならないではいられないほどの敬意を感じるなというのは無理というものだ。そして、それを愛と呼ぶことが憚られるはずがない。夫に魅惑された彼女は、彼に恥ずかしくないようにとあらゆる努力を傾けるであろう。（Daumas, p.52）

結婚前にどこまで意識していただろう。史料はない。ただ、全然好みでない「老人」を押しつけられそうだった十三歳の少女にしてみれば、ハンサムで内気で聡明で誠実そうな二十八歳のアントワーヌ青年が、それこそ自分を救ってくれる「王子様」に見えたとしても何の不思議もない。しかも彼は尊敬する父親の同僚で親しい友なのだ。この結婚で実家のあるパリを離れることもない。少女にとって不安要因はほとんどない。そしてこちらの父親も人を見る目は確かだった。

アントワーヌ青年は誠実であり、いくぶん内気で家族以外に本当に信頼できる人間はいなかった。この傾向は死ぬまで変わらない。五歳で母を亡くした彼を育てたのは、母方の祖母と叔母パンクティ母娘であった。とくに叔母のマリー・マルゲリットは生涯独身で、アントワーヌを溺愛した。この傾向は彼が十六歳のときに妹（当時十五歳）を亡くしてひとりっ子となってからさらに助長される。学問好きのアントワーヌはきわめて静かな環境のなかで少年、青年時代を過ごした。コレージュ時代もパリに自邸があるからと、寄宿舎にはいかなかった。こうして秀才アントワーヌは大人ばかりに囲まれて成人していったのである。

ラヴワジエの別の伝記作家であるポワリエは、ラヴワジエは学問と学問関係の旅行のせいで上流社会の婦人と交わる機会がほとんどなかったので、マリー・アンヌのような年若い少女といるほうがくつろげたのだろうと推測している。そうして彼は幼い妻だけでなく、この新しい義理の家族を歓迎した。ジャック・ポールズはこれより、その死の瞬間まで娘婿と運命をともにすることになる。ラヴワジエと妻の家族との絆は、さらなるラヴワジエ家の人びとの死によってますます強まってゆく。ラヴワジエは結婚の四年後に仲のよかった父を、十年後に叔母を亡くしてしまう。もちろん祖母はすでに亡い。マリー・アンヌ側から言えば、彼女には結婚時に義母に当たる人物は存在せず、エミリー同様この時点ですでにラヴワジエ家の最高位の女性である。義父も十七歳のときに亡くなり、二十三歳で義母的存在であった夫の叔母も亡くなったので、その若さで、いかなる年配の婦人にも遠慮することのない正真正銘の女主人となる。しかもそのたびに自分たち夫婦に莫大な遺産が入るのだ。そのうえ、身内以外のところでくつろげないラヴワジエにとって、いまや妻の家族だけが彼の家族だった。ラヴワジエ家のなかでマリー・アンヌの発言権が強くなっても何の不思議があろう。

しかしそれはまだ先の話である。新婚時代に話を戻そう。一七七一年十二月、マリー・アンヌはあとひと月で十四歳という年齢でラヴワジエ夫人となったのである。記録は残っていないが、おそらく新婚の時点で、この幼な妻は十五歳年長の学者の夫によって、彼の研究に引き込まれたと思われる。学問のことも含めてあらゆることを叔母と話し合う習慣のついていたラヴワジエは、妻が女だからという理由で話題を限ったりはしなかったのだろう。言い換えればマリー・アンヌの本当の教育はこの時点から始まったのである。これは早婚のおかげで高いレベルの自然科学や語学に接することができた珍しいケースである。しかもとくに化学に関しては、教師陣は夫やその同僚という一流の化学者である。第一ラヴワジエの館には自分専用の化学実験室があるのだ。そこに設置されている器具類はヨーロッパ随一のものので、ほとんどが特注であり、驚くほど高価なのだ。それを真っ先に見ることのできる女性は、世界中でマリー・アンヌただひとりであった。当時はしかるべき身分の女性の外出にはお供がつくことが当然であったから、自宅で学習できる環境というものは女性にとって大きなメリットだった。ラヴワジエ夫人は幸運だった。彼女は、貴婦人の規範をそれることなく、目の前で化学という学問が変わりゆく過程をつぶさに見ながらその学問を学ぶことができたのだ。しかも十代で。これはこの時代の女性にとってまさに奇跡的な条件だった。

マリー・アンヌはラヴワジエ夫人となってから英語、イタリア語、ラテン語をものにしたが、ラテン語に関しては専門の教師のほかに、五歳年上の兄からも教えを受けている。彼女が十九歳のときにこの兄宛てに書いた手紙は、この少女の目指す「ラヴワジエ夫人」のイメージを雄弁に物語っている。

いつお帰りになりますの。ラテン語はお兄様がここにいらっしゃることを求めていましてよ。私を楽しませ、そして夫にふさわしくして下さるために、退屈でしょうけど名詞や動詞の変化を教えにいらしてくださいましね。（CL, N.348. 強調は引用者による）

ここからわかるのは、偉大な学者である夫の活動のすべてを理解し、助けることのできる女性こそが彼女のなりたい「ラヴワジエ夫人」だということだ。しかもこの役割は、実家で植えつけられた学問尊重の気風と完全に一致している。ラヴワジエは誰が見ても「真剣な学問に専心している才能あふれる人物」だ。彼の知的な伴侶という役割を演じることで、彼女は父と夫の望みを同時にかなえることができるのだ。ここには学問をすることに対して、当時の多くの女性が感じざるを得なかった心理的バリアーがまったくない。彼女は実家にも夫にも祝福されて学問を身につけるという、しごくめずらしい環境にあった。それどころかこの手紙からは、「こんな男性を夫にしたのだから、自分は学問せねばならぬ」という気迫さえ感じられる。
父の教えはマリー・アンヌに、ほかの女性たちと違って、人間の価値を「学識」に置く傾向を植えつけた。しかし忘れてはならないのは、彼女自身は父から特別な教育を与えられなかったということだ。エミリーと違って、兄たちとマリー・アンヌの受けた教育はまったく異なったものである。したがってじつは最初の段階で、この少女は「敬意を払われる」存在としてはこの開明的な父にさえ除外されているのだ。それでも彼女は学び続ける。のちにわれわれはこの矛盾の皮肉な結果を見ることになるだろう。

コラム6　女性と外出

西洋では長期にわたり「上・中流階級の家の女性はひとりで外出できない」という社会規範が存在し、女性を学問から遠ざける要因のひとつとなっていた。たとえばラヴワジエ夫人より二十歳ほど若い、数学者を目指していたソフィー・ジェルマンは、若い頃に母親の付き添いを条件として数学の講義への出席が認められたが、そのことでほかの男子学生からからかわれ、のけものにされた。このような疎外状態の積み重ねは女性を追い詰め、彼女のやりたいことが何であるにせよ、作業能率を低下させるのは確実である。ひとりでどこにいっても非難されないのは下層階級の女性であるが、この階級は最初から学問などというものには縁がない。このことに関して女性の状況には最初から大きな矛盾があったのである。

話を先の手紙に戻そう。じつはマリー・アンヌはこの手紙のはじめで、結婚して六年もたつのに悲しみを覚えずして夫と離れていることはできないと兄に告白している。これは夫婦の愛などが問題にされなかった時代の上流社交人としては驚異的な告白だ。結婚当初のラヴワジエ夫人は、夫を愛し、尊敬し、その仕事を手伝うことに喜びを感じていた。ただし、化学は彼女が自主的に選んだテーマではない。ここはマリー・アンヌとエミリーの決定的な違いである。このことは心に留めておく必要がある。

さらにマリー・アンヌは、のちに自分たち夫妻の肖像画（図11）を頼むことになる著名な画家ダヴィドについて絵画も習う。彼女が描いた自画像（図3）や人体デッサン、あるいはベンジャミン・フランクリンの肖像画などから、その腕が相当なものだったということがよくわかる。ただし絵画のレッスン自体は、当時の貴婦人として珍しいことではない。とりわけ肖像画や静物画は「女らしい」分野として多くの女性たちによっても描かれた（歴史画や宗教画などは男のものとされた）。ちなみにデュ・シャトレ夫人の肖像画（第3章扉絵）の作者も女性である。のちにラヴワジエ夫人はこの画才を生かして、夫の本に化学実験器具の版画（図13）を載せることになる。

加えてラヴワジエ夫人が経験した数々の旅のことを忘れてはならない。旅はこの女性に、科学がとらえようとしている地球という自然についてより広い視点をもてる機会を提供した。ラヴワジエは科学アカデミー会員として、火薬管理官として、徴税請負人として、あるいは領主として、数多くの旅行をした。そしてどの旅でも自然界の直接観察を欠かさなかった。マリー・アンヌはこれらの旅の多くで夫と行動をともにした。パリの科学アカデミー古文書館には、このときにラヴワジエ夫妻がとった自然科学旅行記録ともいうべきノートが多数残されている。

この「旅行」という「学校」がどれほど女性にとってまれなことであったのかを言及しておく必要があるだろう。この時代、裕福な家庭では男子教育の仕上げとして、いわゆるグランド・ツアーと呼ばれる大旅行に(もちろん召し使いとともに)息子を送りだす習慣が、とくに北欧を中心として存在していた。

図3　ラヴワジエ夫人による自画像(個人蔵)

フランスでもこの習慣がないわけではない。たとえば、マリー・アンヌにラテン語を教えてくれた兄、バルタザールは若い頃やはりグランド・ツアーに出ている。もちろん女子にはこの「見聞を広める」教育は存在しない。ラヴワジエ夫人の旅行は、家庭内実験室同様その点理想的だ。夫と一緒なので、貴婦人としての儀礼から外れているという社交界の批判を受けることがない。彼女が夫と興味をひとつにしている限り、「評判」という、この時代の貴婦人の宝は何ひとつ傷つけられることはない。彼女は安全だった。家庭とレベルの高い「学校」はつねにセットになっていた。

化学革命を理解できるたぐいまれなる才女は、こうした例外的条件の数々のなかから生まれたのである。

ごく若い頃のラヴワジエ夫人を語ってくれる数少ない史料のなかに、ポルトガル人物理学者マゼラン（世界一周で有名なマゼランの子孫）がラヴワジエ夫妻に宛てた手紙がある。彼は夫に対して「尊敬すべきかつ愛らしい貴方の哲学的奥様」とマリー・アンヌを形容しており、その妻に対しては直接こうも書き送っている。

あらゆる点でこれほどに魅力的でこれほどに尊敬すべきひとりの御婦人が哲学の利益に専心なさっているということを見ることは、その偉大なる結果とともに哲学の栄光としか言いようがありません。（CL, N.291）

この手紙での「哲学」は科学的な内容を意味している。このときマリー・アンヌは十八歳。ラヴワジエ夫人となってから五年、すでに完璧な才女としての評判を確立していた。

愛と学問の結合——もうひとりの「才女」の誕生

このように、マリー・アンヌの場合は彼女が「才女」になるきっかけをつくったのは法律上の夫である。しかしエミリーの場合は全然違っていた。夫と実質的別居生活に入ってしばらくして、彼女は自分の一番の理解者であった父を一七二八年に亡くした。これ以降、一七三三年にヴォルテールと再会するまで、彼女は知的飢餓状態に置かれることになる。もちろんパリ社交界の自由で放埒な雰囲気は若い侯爵夫人を夢中にさせ、当時の多くの既婚貴婦人同様、恋人をつくったり別れたりしていたが、それだけでは満足できなかった。しかし、具体的に行動するきっかけはなかなか訪れなかった。

ヴォルテールはこの頃何をしていたのか。彼の人生は一七二六年のイギリス亡命事件で大きく変わる。この才気煥発で早熟な青年詩人は二十歳そこそこで『エディプ』(一七一八)や『ラ・アンリアド』(一七二六)といった戯曲が成功をおさめて有名人となった。しかもよくある貧乏作家ではない。彼は裕福なのだ。加えて貴族と肩を並べて学んだコレージュでは優等生だったから、ひととき自分が第三身分の「平民」に属していることを忘れたとしても不思議ではない。しかし結局旧体制の身分制度を思い知らされる。ロアン騎士との口論が決闘になりかけたとき、ヴォルテールは貴族である彼らが自分を対等に扱っていないことに気づく。彼は政治犯を閉じこめることで有名なバスティーユ監獄にほうりこまれ、イギリス亡命を条件にそこから出される。才能ある誇り高い青年にはまさに屈辱であった。

しかしイギリス滞在はヴォルテールの人生に大きくプラスした。彼は十七世紀に二度の市民革命を経験したイギリスの、宗教、政治、商業、芸術などにおける「自由」に目を見張る。話を科学に限れば、大事件は何と言っても一七二七年に目撃したニュートンの国葬である。いまフランス人が崇めているデカルトは、生前は祖国で報われなかった。しかるにニュートンの、本国におけるこの壮大な葬儀は何としたことか。おまけにフランス人はまだ、この「万有引力の発見者」についてよく知らない。またジョン・ロックの経験主義も彼を魅了する。ニュートンとロックこそ、人間を（自分に屈辱を与えたたぐいの）無知蒙昧、あるいは奇跡や迷信を信じるような愚かさから救いだす英雄のように思われた。

一七二八年に帰国したのち、ヴォルテールはこれらの体験をもりこんだ作品である『哲学書簡』（別名『イギリス便り』）を執筆する。このときやはりイギリス滞在の経験をもつ科学アカデミー会員で社交界の寵児でもあった数学者、モーペルテュイと知己になる。この学者が一七三二年に科学アカデミーに発表した「引力の法則について」は、フランス初の本格的な万有引力解説論文である。この論文は、ライプニッツ式の記号を使った微積分を駆使して、万有引力は距離の逆二乗のときに有効であることを証明している。デカルト主義がフランス科学の主流であったときに、この三十四歳の科学アカデミー会員は、自分がニュートン主義者であると公言したのだ。科学好きのデュ・シャトレ夫人も、当然この論文のことは知っていた。しかし彼女はまだニュートンについてはよく知らない。彼女がまず最初に学んだのは当然当時主流だったデカルトの自然学である。少女の頃にフォントネルから聞いたのもデカルトの渦動宇宙論だ。

第三子である次男の出産後、すぐにデュ・シャトレ夫人は社交生活を再開する。高い乳幼児死亡率を考えても、これでエミリーの地位はますます確固たるものとなった。ヴォルテールとの再会の正確な日時はわかっていない。ただヴォルテールの手紙から考えると、たぶんこの出産後一カ月かそこらの一七三三年四月末から五月初めのどこかであったのだろう。彼女は二十六歳、詩人は三十八歳である。彼はこの侯爵夫人の知性、とくに彼に欠けている高い数学的素養に目を見張る。のちに科学アカデミー会員で数学者のクレローがふたりに数学を教えたときの思い出を「私はそこ〔シレー城〕でふたりのまったく違う能力をもつ生徒を受けもちました。ひとりは本当にすばらしい生徒でしたが、もうひとりには数学が何か理解させることはどうしてもできませんでした」(Brunet, pp.14-15) と語っている。

病気がちだったヴォルテールには、侯爵夫人の強靱な肉体もまた魅力だった。彼女もまた、このフィロゾーフのきらめくエスプリに魅了される。ずっと求めていた知への欲求がいま満たされようとしているのだ。さらに彼の恋人になることで、彼の友人知人との交友の道が開かれる。数学を学びたいという恋人のために、彼はのちにヴォルテール研究家によって「羊小屋に狼を入れた」と形容される友人のモーペルテュイを紹介する。これ以降、この数学者は終生デュ・シャトレ夫人の科学や数学の相談相手として、彼女の生涯に重要な役割を果たすことになる。こうしてエミリーは、二十七歳にしてやっと本当の科学の教師に出会えたのだ。

モーペルテュイは一七三四年一月頃より、家庭教師と通信教育の組み合わせのような形で夫人に数学を教えることになる。彼女にとってはじめての本格的な代数学のレッスンである。そして「数学者のイメージを変えた」とまで言われたモーペルテュイの華麗な魅力もまた、当時の多くの貴婦人の心同様、デュ・シャトレ夫人の心をとらえたのであった。つまり「男として」も「教師として」も、彼女は彼を必要としたのである。

ここで多くのヴォルテール研究家がデュ・シャトレ夫人に点が辛くなる。つまり彼らの記述のうしろに「偉大なヴォルテールにあれだけ愛されながら、モーペルテュイにも心を動かすとは」といった調子が見え隠れするのだ。しかしこれを十八世紀における女子科学教育という観点から見ると少し話が違ってくる。すでに述べたように、当時は女子のための高等教育機関は存在しない。女性の学問の完成はひとえに私的な教育にかかっている。だからこそ十八世紀の多くの向学心に燃えた貴婦人たちは、有名な学者らの知己を得たいと望み、競って彼らを自分のサロンに招いた。つまりサロンは彼女たちにとって、学校の代替物だった。

だからエミリーはこの新しい数学教師に夢中になった。モーペルテュイは一流の学者であるだけでなく、教師としても有能だった。彼女は彼を独占したがり、彼がよく行くカフェやアカデミーの建物にまで探しに行って周囲を仰天させることさえあった。何と言っても夥しい手紙を送って彼を質問責めにするのだ。とくに現在のわれわれの眼から見て驚くのは「今夜息子〔次男〕が亡くなりました。告白いたしますが、私はとても悲しみにくれています。貴方がお考えのように、私は外出いたしません。もし私をなぐさめにいらしてくださりたいと思われるなら、私がひとりでいるのがおわかりになるでしょう。私は誰もこさせないようにしているのですけれど、貴方に会うことに『限りない喜びを感じ』ないという瞬間など一瞬もないと思っているのです」（LC, N.21）と、息子の死までを利用してモーペルテュイと会う時間をつくろうとしている手紙である。この時期のモーペルテュイ宛の手紙から感じられるのは、彼が与えてくれる「知的刺激」への大いなる渇望である。その文章は、十八世紀フランスのレトリックは大仰であるということを考慮してもなお、執拗で、必死で、媚びを含み、ときに卑屈でときに傲慢でさえある。

このようなデュ・シャトレ夫人の態度は、だいたいにおいて彼女の強引な性格を特徴づけるものと解釈されてきた。とくに先の手紙は、十八世紀のフランス上流階級における母性の欠如の証拠としてもしばしば紹介された。たしかに侯爵夫人は基本的に相手の都合に無頓着で、自分のことしか考えていないし、それを隠そうとする気配もない。良く言えば気取りがなく素直であり、悪く言えば単純でわがままである。ここから彼女を「自己中心的で幼稚な女」と批判することはたやすいが、この「自己中心性」には、当時の女性が置かれた教育環境の不安定性が大きく影響していることもまた事実である。

モーペルテュイの授業に匹敵する女性のための学校はどこにも存在しないのだ。すべては個人的関係、つまり家庭教師にかかっている。だとしたら彼のような人物に出会ったなら、必死になって引き止めるのは当然だろう。こう考えると、デュ・シャトレ夫人のモーペルテュイへの激しい恋心は、そのまま彼女の学問への情熱と重なるところがあり、「男として」「教師として」彼を必要とした、というこのふたつの一見べつべつに見えることがらは、複雑に重なり合って、簡単に切り離されるものではない。もしエミリーが、デカルトを雇って自分にだけ都合のよい時間に個人授業をさせたクリスチナ女王のような(エミリーはこの「男装の女王」に憧れていた)絶対権力者だったら、あるいは学校で(できれば同性の)教師から高度な科学教育を受けることができたなら、ここまで強引な行動に出たか、ということははなはだ疑問だからである。

ともかくもデュ・シャトレ夫人の本格的科学教育はこのようにして開始された。ヴォルテールによれば、英語もこの時期彼自身が教えたことになっている。いまやロックもポープも原文で読めるのだ。ついに「才女」が目覚めたのである。

第3章 エミリー・デュ・シャトレと『物理学教程』

エミリー・デュ・シャトレ(マリアンヌ・ロワール画, ボルドー美術館蔵)

この章では、デュ・シャトレ夫人の科学活動についてジェンダーの視点から考察する。その中心は彼女の『物理学教程』（一七四〇。以下『教程』とも記す）である。なぜならばこの作品こそ彼女がはじめて自分自身で出版させた科学の本であり、この、自ら出版を意図して執筆するという行為そのもののなかに、すでに大きなジェンダー問題が存在するからである。

というのもこの時代、男性知識人にとっての「書く」という行為と、女性知識人にとっての「書く」という行為は、けっして同じではなかったからである。たとえばヴォルテールが「書く」とき、それは活字でか回覧でか地下出版でかは内容によるが、必ず見知らぬ第三者への「公表」を前提としている。とくにヴォルテールの場合は、手紙すら公的なものであり、彼に現代的な意味での私信という考え方はない。モーペルテュイでも同じことだ。彼らは「公表」するための科学論文や本を「書く」。つまり政治的危険がなければ、まず印刷することを意図して書かれる。書くことを周囲に隠したりはしない。しかし女性知識人にとって話はそう簡単ではない。なぜなら当時は女が何か重要なものを書く、という行為は社会からはまったく期待されていなかったからだ。

もちろん身分の高い女性にとって、サロンで披露できるような名文の手紙といった、内輪で私的に「ものを書く」能力は賞賛された。しかしそれを公にすること、それも自ら公にすることはむしろはしたないことであった。美しいフランス語の見本と称えられる、あの有名なラ・ファイエット夫人の恋愛小説『クレーヴの奥方』（一六七八）も、出版を意図して書かれたものではない。貴婦人というものは、友人や家族などを楽しませるために、あるいは自分のためだけに書くもの、つまり私的な目的でものを書くのであり、心の内はともかく、出版を公言して書くのは儀礼に外れることであった。だからたまま女性の本が出版されるにせよ、周囲のすすめで仕方なく、という体裁をとることが多く、まず匿名出版だった。

そして恋愛小説ならまだしも、『物理学教程』のような科学書を書いて出版するというのは、さらに大きな規範破りと見なされる。というのも、すでに述べたが、科学への本当の参加は男だけの領域と見なされていたからだ。したがって『教程』に対する過度の賞賛も批判も、このジェンダー問題を抜きにしては考えられない。

だから『物理学教程』執筆の過程に関してわれわれは次のふたつのことがらを区別して考えなければならない。つまりこの本を書こうという決断と、それを公表しようとする決断とは、デュ・シャトレ夫人のなかではべつべつのことがらだったということである。仮に私的に科学的なことがらを「書く」ことに対する違和感が消えても、その女性が自分の作品を「公表する」ことへと踏みだすまでにはあと一歩、しかもきわめて大いなる一歩が必要とされるのだから。

もうひとつ重要なことは、『物理学教程』の成立とそれにまつわる科学論争の過程を分析することによって、通俗的なデュ・シャトレ夫人の科学思想の変遷説に疑問を呈することである。つまり「ヴォルテール（とモーペルテュイ）に出会ってニュートン主義に目覚め、ケーニッヒの影響でライプニッツ主義に傾倒して『物理学教程』を執筆し、再びニュートン主義に戻って『プリンキピア』を翻訳した」という説を再考することだ。というのもこの説の背後にもジェンダー問題が横たわっているからだ。一見してわかる通り、この説の前半で描かれているデュ・シャトレ夫人には全然主体性がない。いつも誰か（それも男性）に影響されて自分の主義を変えている。この説の根拠は、ヴォルテールがこのように受け取られる内容の文章を数多く残したからである。ところがこの説にはデュ・シャトレ夫人本人の言い分が全然考慮されていない。にもかかわらずこれが俗説になったということは、いかに人びとが彼女自身の存在を無視して、ヴォルテールの目だけを通してデュ・シャトレ夫人を語ろうとしてきたかということである。そして逆のケースにはまずお目にかからない。それは当時だけでなくつい最近まで、女が独立した存在と考えられてこなかったことと無縁ではない。われわれはここでエミリー・デュ・シャトレ自身の声を通して、彼女の科学思想の変遷を見ていこう。それは同時に、歴史的言説というものがいかにジェンダーの影響を受けているかということを知ることにもなるだろう。

1――なぜ『物理学教程』は書かれたのか

そもそも『物理学教程』とはどのような本なのか。「教程」という言葉が示すように、これは教科書である。ただし、今日的な意味での科学の教科書ではない。前半は「われわれの認識の諸原理について」「神の存在について」「仮説について」などという形而上学的主題を扱い、いわゆる十七世紀の科学革命期に発見された物理学理論についての解説は後半に述べられている。いったいこの時期、フランスにはこのような科学の教科書はなかったのであろうか。これについてデュ・シャトレ夫人は、息子に語りかける形式をとっている序文のなかで次のように述べている。

フランスにいる多くの有能な人材が、今日私が貴方〔息子〕のために企てているこの仕事において、私に先んじることがなかった、ということを思うと、私はいつも驚いてしまいます。というのも、これは認めなければならないのですが、フランスにはいくつかのすばらしい自然学の本が存在するとはいえ、自然学全般を扱った本は全然なくて、例外といえば、ロオーのささやかな概論しかありません。しかもこの本は八十年も前の本なのです。〔…〕ですから、この本でしか自然学を学ばなかった人は、まだまだ学ばなければならないことがたくさんあることになるでしょう。(Du

コラム7　物理学と自然学

英語やフランス語では、アリストテレスの著作『自然学』(ピュシカ)に代表される近代以前の自然の研究も、現代の物理学も同じ physics という語で表記される。日本ではニュートンの晩年あたりを切れ目として、前者を自然学、後者を物理学と訳し分けることが慣例となっている。デュ・シャトレ夫人の『物理学教程』(*Institutions de physique*)では、後半の科学理論の部分(前半は形而上学を扱っている)では、いわゆる物理学の主題だけを扱っているので、標題の physique には物理学という用語をあてた。しかし序文での physique に込められている意味はむしろ伝統的なものなので、ここには自然学という訳語をあてた。

Châtelet, 1740, p.4)

これより、内容についてはともかく、「近年の発見を網羅した教科書」という企画面において自分の本にはオリジナリティがあるとデュ・シャトレ夫人は考えていたことがわかる。では彼女はいつ、どこからこの本の着想を得たのだろう。彼女がこの本の執筆を始めた時期については、はじめの原稿は一七三八年にほとんど完成していたという彼女自身の言い分や、残された草稿などから推定して、一七三七年であると考えられている。何が彼女をしてこの時期に本の執筆を思い立たせたのだろう。そして本が出版される一七四〇年までに最初の構想はどのように変化したのだろう。

エミリーが熱心にモーペルテュイから数学を学んでいた頃、つまり一七三四年の前半にヴォルテールに再び政治的危険が迫ってきた。彼の『哲学書簡』が当局の怒りを買い、五月に法務大臣が封印状を発行したのである。これは国王命令で追放か投獄を意味した。ヴォルテールは逃亡を決意し、エミリーは隠れ家として、当時ロレーヌ公国とフランスとの国境近く、シャンパーニュ地方にあったデュ・シャトレ侯爵家の領地にあるシレー城を提供した。しかし彼女は一緒には行かない。パリの生活やモーペルテュイとの授業に未練があったのだ。ヴォルテールの懇願をよそに、いったんシレーに行ってまたパリに戻ってくるということをくり返したのち、彼女は翌年の一七三五年六月になってからやっとシレー城に腰を落ち着けることを決意する。

愛するヴォルテールと暮らせるとはいえ、エミリーにとってパリとそこでの社交を捨てることは相当の苦痛であった。しかし結果としてこの隠遁生活はふたりにとって「地上の楽園」と形容されたほど愛情に満ちた実り多いものとなった。この最初の時期からは少々のちのこととなるが、『フランス史の年代記的要約』（一七四四）の作者エノーがシレーを訪れたときの手紙で、ふたりの生活を次のように描写している。これは第三者から見た哲学的恋人たちの調和的関係をよく表現している。

私もまた、シレー経由で行きました。それはまれに見るものでした。彼らはふたりだけで楽しみに満たされているのです。一方は気ままに詩をつくり、他方は三角を引いています。館はロマネスク建築ですばらしく豪華です。ヴォルテールの部屋は有名な絵画『アテネの学堂』〔ヴァチカンの署名の間にあるラファエロのフレスコ画〕に似た回廊で仕切られています。そこではあらゆる種類の器具、数学、物理学、化学、天文学、技術などの器具が集められていて、それに古い漆器、鏡、絵画、ザクセン焼きなどが添えられています。私は言いたい、まさに夢を見ているようだった、と。（LC, p.15）

じつはこの時期にはふたりの関係はかなりマンネリ化しかけていた。それでも他人にこれだけの感動を与えることができたのだから、当初の関係がどれほど調和的なものだったかは推して知るべしであろう。また、ここではシレー城の豪華さが描写されているが、これはひとえにヴォルテールの財力の賜物である。詩人は自分の財産から、悲惨な状態だった城の改装費用を出したのである。決まりごとの多いパリと違い、この城でのふたりはまったく自由だった。晩年になってデュ・シャトレ夫人は、当時を次のように回想している。

私が神から愛に満ちて変わることなき魂をいただいたことは確かです。そしてその魂は、情熱を偽ったり抑えたりすることを知らず、衰えることも嫌悪することとも無縁でした。その強靱さはどのようなこと、もはや愛されていないということにさえ耐え得るほど強いものでした。けれども私は十年の間、私の魂を魅了した人の愛によって幸福だったのです。そして彼とさしむかいで、少しの嫌悪感も退屈も感じることなくこの十年を過ごしてきたのです。(Du Châtelet, 1961, pp.31–32)

そしてこの愛はエミリーに大きな宝を与える。それはもともと父ブルトゥイユ男爵が彼女に植えつけたのだが、ヴォルテールが確実なものにしたもの、自分は周りの男性知識人同様、理性的存在としての人間なのだという確信である。これこそ、ほとんどの女たちにとって所有することがもっとも困難な宝であった。しかし聡明なエミリーは同時に、彼らと同等の力を得るには、学問との本当の出会いが遅すぎたことにも気づく。それは自然が女としての自分に運命づけたことではない。すべてはこの社会の矛盾である。一七三五年、風刺を駆使して人間社会の価値の相対性をみごとに描き出した書である、マンドヴィルの『蜂の寓話』(一七一四)仏訳の序文で、彼女はこの状況についてためらうことなく異議申し立てをしている。

多くの女たちが教育の欠陥から自分たちの才能に気づかずにおり、精神における偏見と勇気のなさのためにその才能を埋もれさせているのだと私は確信している。〔…〕私は偶然にも学識のある人びとと知己になった。彼らは私に友情を寄せてくれて、しかも、私が非常に驚いたことに、彼らが私との友情に何がしかの値打ちを認めてくれたのだった。それで私は自分自身が考える生き物（creature pensante）であるという確信をもち始めたのである。けれどもそのことを垣間見ただけだった。〔…〕自分が考える生き物であると本当に確信したのは、まだ理性的になる時間は残されているけれど、才能を獲得するだけの時間はすでになくなっている年齢になってからだった。（Wade, 1947, p.136. 強調は引用者）

このときエミリーは二十八歳、まだ若いと言えなくもない。しかしたとえば友人のクレローは二十五歳ですでに科学アカデミーの正会員に選出されていた。モーペルテュイもこの年齢で準会員になっている。彼女が興味を抱いた数学的科学で傑出するにはこのスタートは遅すぎた。デュ・シャトレ夫人の周囲の男たちは、自分たちが「考える生き物」であることを疑ったことなど一度もあるまい。彼らは彼女に自信を与えた。しかし同時に自分の限界をも痛切に知らしめた。これは男女の同等な教育が存在していない状況下で、向学心のある女性たちがしばしば直面する状況である。半世紀後に、ラヴワジエ夫人も同じ問題で悩むことになるだろう。しかしだからといってすべてを完全にあきらめてしまうようなエミリーではない。彼女はいまの自分にできることは何なのかを考え、ひとつの結論を出す。

この省察〔先の引用の内容〕は私をまったくくじけさせなかった。私はそれでも人生のただなかで十分幸福だと感じた。というのも、ほとんどの女たちがその生涯の大部分を費すとるに足りないことどもをやめて、知性を磨くために残されている時間を利用することへと向かったからだ。
(Wade, 1947, p.136)

自分には新しい真理の大発見はできないだろう、しかし天才の作品を理解することならできる。しかも語学は得意だ。天才たちと一般の人びとをつなぐ啓蒙家、つまり「文芸共和国の交渉者」となろう。これならいまからでも可能だ。もしも自分が彼らと同じ「考える生き物」ならば、自分だって手紙以上の何かを書いてもおかしくはないではないか。そこでエミリーはいろいろと執筆を始める。上に引用した序文をもつ、マンドヴィルの『蜂の寓話』仏訳もそのひとつである。ニュートンの『光学』の解説や文法についての論考、あるいは旧約聖書やイエスによる奇跡の批判にまで手を染めている。

つまり学問的なことがらを「書く」ことに対するためらいは一七三五年の時点でもはやエミリーにはなかったに違いない。しかしこのことは、先にも述べたように、即「公表」することにはつながらない。以上のことを頭に入れたうえで、『物理学教程』出版に先立つ、デュ・シャトレ夫人と関係した科学上の四つの事件について考えてみよう。

ヴォルテールの『ニュートン哲学要綱』

御身は私を呼び招く、はかり知れぬ力強き天才である女《ひと》よ
フランスの女神《ミネルヴァ》、神々しきエミリー
ニュートンの弟子、そして真実の弟子よ
御身は私の感覚を御身の輝きで満たす
(Voltaire, 1738, pp.3-4)

これはヴォルテールが『ニュートン哲学要綱』(一七三八。以下『要綱』とも記す)の冒頭で、デュ・シャトレ夫人を称えた詩である。彼は一七三六年、シレーにおける蜜月の最中にニュートンの科学を難しい数学抜きで一般のフランス人に紹介したいと考えたのである。ここでも彼のジャーナリストとしての才能がみごとに発揮された。彼は、万有引力の法則が当時フランスで主流だったデカルトの渦動論と真っ向から対立するので、内容がよくわからずにこれに反対している者も少なからず存在することをきちんと踏まえている。ヴォルテールはまず、フランスでも受け入れられていたニュートンの光学理論の説明から始め、この光の理論が正しいならば、その光学現象の原因である引力の理論もまた正しいとして、徐々に『プリンキピア』の内容に読者を引きこむ作戦をとった。これは当時イギリスなどで出版さ

れていたニュートン理論の概説書などとはまったく違った、フランス人読者を明確に念頭に置いた構成であり、結果としてこの本は大いに売れて、フランスにおけるニュートン主義の啓蒙に大きく貢献した。ヴォルテールはこの本の執筆時も出版後も「私はニュートンの哲学を、私の目から見れば、ニュートンよりも賞賛すべきエミリーの監督のもとに研究しております」(CV, D.1113) とか、この本は「女神《ミネルヴァ》が語り、私が書き写した」(CV, D.1255) と友人知人への手紙に書いて、デュ・シャトレ夫人が大いに協力してくれたことを宣伝している。本や手紙や詩で恋人の知性と協力を強調することで、彼は同時に自分たちはそろって熱烈なニュートン主義者であることをもアピールしたのである。

事実、ヴォルテールがこれを計画、執筆していた頃は、デュ・シャトレ夫人も自分を熱烈なニュートン主義者と規定していた。彼女はこの頃の手紙で、自分をフランスにおけるニュートン十字軍の闘士のごとく表現している。「人びとはこの国ではニュートン主義者を異教徒のように見なしているのです」(LC, N.113)「私たちは哲学における異教徒なのです」(LC, N.114. 強調は引用者による) などという表現はきわめてヒロイックであり、ヴォルテールが彼女を「レディ・ニュートン」と呼んだのも無理はない。では、「女神《ミネルヴァ》が語り」とまで作者に言わせたこの本について、エミリー自身はどのように考えていたのであろう。

結論から言うと、エミリーはこれに完全には満足していなかった。なぜなら一七三七年に『教程』が書き始められたときには、この本はヴォルテールの『要綱』同様、ニュートン啓蒙を主眼に計画されていたことがわかっているからだ。もし彼女がヴォルテールの本に満足していたならば、あえて同じような本を書く計画を立てるとは思えない。またヴォルテールはこの本を一七三六年の内にほぼ書き終えていたから、彼女は『要綱』全体がどうなっているのかを確認したうえで『物理学教程』を書き始めたはずである。じつは一七三八年にエミリーは自分とヴォルテールとの見解の差について、当時フランスでもっとも権威ある雑誌のひとつ、『ジュルナル・デ・サヴァン』に載せた書評で次のように語っている。デュ・シャトレ夫人はここで、デカルトの渦動論を徹底的に攻撃し、いまこそあらゆることを渦動で説明する愚かで権威主義的なデカルト主義者を打ち倒すべき闘いのときだと主張している。この書評の

コラム8　女神

本書では「女神」という言葉に「ミネルヴァ」と「ミューズ」のふたつのふりがなを与えた。ヴォルテールがデュ・シャトレ夫人を形容したせりふはMinerveで、デュシがラヴワジエ夫人に当てたのがMuseである。厳密に言えばミネルヴァは通常アテネ神と同一視される女神で、職人の守護神でもある。当初は武勇の意味はなかったが、のちにマルス神（戦いの神）崇拝をのみ込む勢いでミネルヴァ崇拝が拡大したことから、知恵と武勇の両方を象徴する神となった。ミューズは文芸、音楽、舞踏、哲学、天文学など人間の知的活動をつかさどる九女神のことである。とくに詩神とも形容されることがあり、上の知的活動のなかでもとりわけ芸術家の霊感の源泉の象徴とされた。

したがって、ミネルヴァのほうがミューズよりは意味として多少主体性が強いのだが、ヴォルテールが「ミネルヴァが語り、私が書き写した」と手紙に書いたとき、デュ・シャトレ夫人はまだそのあとほどに主体的に科学に関わっておらず、ヴォルテールの協力者の立場にあったので、本書ではこのふたつを同じ「女神」という日本語で統一することにした。

ほとんどの部分は、肝心の本についてよりも夫人自身のデカルト批判に割かれている。つまりエミリーにとっては、『要綱』はデカルト主義者との闘いのために捧げられた、史上はじめての明快なニュートン主義の総合的解説書として評価されている。しかし手放しではない。光の粒子にも重さがあって万有引力の支配を受けるという『要綱』の主張は、経験に基づいていない勇み足の決めつけだと批判しているのである。この点はのちに「火の論文」でもふたりの意見が分かれるところである。しかもデュ・シャトレ夫人は私信でもモーペルテュイに宛ててこの本には深みがないと書き送っているのだ。したがって、彼女がヴォルテールの友人に『要綱』の賞賛を書いていても、あるいは自分を称えるヴォルテールの詩や序文を自慢していても、それを彼の本への完全肯定と受け取るのは間違いである。何と言っても『物理学教程』そのもののなかで、デュ・シャトレ夫人はヴォルテールの本に次のような厳しい評価を下しているのだから。

貴方〔息子〕はこの主題〔引力〕について、昨年出版された『ニュートン哲学要綱』から多くのことを学ぶことができるでしょう。〔…〕たとえこの本の有名な著者がより広範なことがらを視野におさめていたにせよ、彼はきわめて狭い限界に閉じ込められていたのです。ですから私が貴方にそれについて語る手間をはぶくことができるとは思いません。(Du Châtelet, 1740, p.7)

結局デュ・シャトレ夫人の意見をまとめると次のようになる。つまり、フランスにおいてデカルト主義を批判する総合的なニュートン主義の解説書が出版されたことは喜ぶべきことであるが、純粋に自然学の本として見た場合、完璧とは言えない。何よりもレベルが低い。もっと高いレベルの本も必要だ、と。だからこそ企画面において『物理学教程』にはオリジナリティがあるという主張が彼女の口から出てくるのだ。

つまるところ「女神《ミネルヴァ》が語り、私が書き写した」というのは、ふたりの恋人たちの思想の「完全な一致」を強調したいヴォルテールの願望が言わせた言葉であり、彼の気持ちを理解する史料としては有効でも、それが「事実」である保証はない。デュ・シャトレ夫人側から見たならば、『ニュートン哲学要綱』が彼女に知らしめたのはむしろこの、ヴォルテールとの見解の相違であった。彼女はこの本への協力を通して、彼と自分との科学に関する見解のどこが同じでどこが違っているのかを明確に意識化したと言えよう。そしてそのことこそが、彼やその友人たちの友情のおかげで「考える生き物である」とわかった自分が書くべき本の構想を具体的に思いつかせてくれたのだ。女神《ミネルヴァ》は恋人に向かって「語る」だけではない、自ら「書く」こともできるのだ、と。

アルガロッティの『御婦人方のためのニュートン主義』

アルガロッティ、このヴェネツィア生まれの二十二歳の優雅な青年がはじめてシレーを訪れたのは一七三五年の秋だった。彼はラウラ・バッシという女性を会員にもつ、イタリアはボローニャの科学アカデミー会員で、パリに来てからはモーペルテュイたちニュートン主義者との友好を温めており、その縁でシレーを訪問することになったのである。そのとき青年は、一七三七年に出版される『御婦人方のためのニュートン主義』の書きかけ原稿をかかえていた。これはフォントネルの『対話』のニュートン版で、やはりひとりの男性哲学者が美しい侯爵夫人に科学について解説するというものである。ただしこちらは宇宙論ではなく、ニュートンの光学がその主題なのだが。

当時ニュートンを本格的に学び始めていたデュ・シャトレ夫人はこのイタリア人を大歓迎する。もちろんヴォルテールも。この時点ではデュ・シャトレ夫人はアルガロッティの本を自分の執筆活動と深く結びつけて考えることはなかった。しかしひとつのことには執着する。それはこの本の挿絵の侯爵夫人の絵のモデルに自分を採用してほしいということだった。彼がシレーを去ったあとに、彼女は何度も手紙で自分の肖像画を入れてくれと頼んでいる。その理由は「野心」だという。

私は自分の姿がこのようなエスプリと優雅さ、想像力と学問に満ち満ちた本の最初の部分に置かれることを名誉だと思っています。私の肖像画を最初に入れてくださることで私が貴方の〔本の登場人物の〕侯爵夫人であると〔読者に〕匂わせることを望んでいるのです。貴方は野心とは飽くことを知らない情熱であることを御存じです。〔…〕私はこれを理解するためだけでなく、いつか翻訳するためにイタリア語を学んでいます。〔…〕いまはマンドヴィルの『蜂の寓話』を訳しているところです。(LC, N.63)

先に見たようにマンドヴィルの翻訳原稿には、デュ・シャトレ夫人がジェンダーの問題を強く意識した序文が添えられている。彼女はそこで自分の役目を創造者ではなく啓蒙家と規定しており、広めるべき外国の書物を選定していた時期でもあった。つまり夫人はマンドヴィルの次の仕事として、アルガロッティの本に目をつけたのであろう。しかしこれらの翻訳についてこの時点でどれほど強く実際の「出版」を意識していたのかはよくわからない。マンドヴィルの原稿はついに出版されなかったし、同時期のほかの原稿も同様である。ただ、何か自分で文芸共和国のために役に立つことをしたいという自分の

コラム9　ボローニャの科学アカデミー

イスティトゥート・デッレ・シエンツェ（Isitituto delle Scienze）のこと。一七一四年にパリの科学アカデミーを模してボローニャに設立された。したがって本当の呼び名はアカデミア（Accademia）ではないが、フランスではこれをアンスティテュ（Institut）と呼ばずにアカデミーと呼ぶことが多い。アルガロッティの頃はこのサークルで主流であった考えは、ガリレオの実験科学の伝統を受け継ぐ形のニュートン主義だった。

このアカデミーは、ヨーロッパ初の女性大学教授で著名な自然学者であるラウラ・バッシを会員としたことで有名である。この時代、イタリアではフランスほどにはサロン文化が発達せず、そこで女性が活躍する機会は少なかったが、逆に飛びぬけて優秀な女性には特例として正規の大学の学位や、大学やアカデミーにポストが与えられることがあった。ボローニャ市はバッシを市の誇りとしていたようで、一七四九年にデュ・シャトレ夫人が死んだとき、市民は「これでヨーロッパで一番有名な女性自然学者はラウラ・バッシになった」と言ったという。言い換えれば、デュ・シャトレ夫人の名声もそれだけ大きかったのである。

意志をこの時期はっきり自覚したことは確かである。アルガロッティの滞在はこの気持ちに拍車をかけた。彼もまた、彼女に「考える生き物」であることを自覚させた男友だちのひとりとなったのだ。

そのうえこの手紙を書いたとき、アルガロッティはエミリーにとって特別な地、ニュートンの国イギリスに滞在していた。彼女は青年に「告白しますけれど、貴方をうらやましいと思うこの気持ちほどのうらやましさはいままで感じたことがありません」(I.C, N.66) と語りかける。すでにヴォルテールやモーペルテュイから何度もイギリスの話を聞かされてきたはずだ。イギリスは彼女にとって憧れの国、自由の象徴だった。彼が書き送ってくれるイギリスの情報はエミリーの欲望をかきたてた。彼女はさらに「私はいつもイギリスをこの目で見たいという大きな望みをもっていました。けれども貴方が私に話してくださることをみんな聞いてからは、この望みはほとんど情熱と化しています。〔…〕私はたぶん学問をするためにイギリスに行った最初の女性になるでしょう」(I.C, N.67) とまで彼に打ち明けている。

しかし結局この望みが果たされることはない。先の手紙を書いた翌年の一七三七年にはこの希望に影がさし始める。アルガロッティに対して「私はかつてないほどの情熱でもってイギリス行きを望んでいます。けれどもそこに行くべき口実を見つけるのはたいへんなのです。というのも、デュ・シャトレ氏はそんな純粋な好奇心の旅に同意し難いでしょう。彼は英語がわかりませんし、ハーヴェイ氏の詩も読めません」(I.C, N.88) と嘆いているからだ。先にも書いたが、当時の既婚女性の地位は夫に従属していた。妻の居住地を決める権利をもつのは夫であり、妻はそれに従う義務がある。たとえ自分の領地シレーで妻がヴォルテールと暮らすことには寛大なデュ・シャトレ氏でも、妻と一緒に言葉もわからないイギリスに行くことに同意はしないだろう。だからといって単独でのイギリス留学は問題外である。こうして口実は見つからないまま日は過ぎてゆく。一七四〇年にやはりアルガロッティに出した手紙にはエミリーの絶望が色濃く漂っている。彼女がこれを書いたのは、フリードリッヒ二世の戴冠式に行くという旅行の計画が挫折したあとである。

私のいるこの立場からでは、つまり女でフランス人という立場では〔プロシア〕旅行に行くことができません。〔…〕もうひとつ貴方も御存じの、私がずっと望んでいる〔イギリスへの〕旅があります。けれどもこの旅はさまざまな事情により日に日に遠ざかってゆきます。(IC, N.236)

エミリーはこれを最後に二度とイギリス留学について語ることはなかった。これが「旅行の世紀」とも呼ばれた十八世紀のヨーロッパにおける人類の半分の、それも特権階級に属する人物からもらされた嘆きであることを知るとき、われわれは時代を形容する言葉というものがいかにある特定のグループの特徴を表現する言葉でしかないことがわかるだろう。デュ・シャトレ夫人が旅した外国と言えるようなところは、侯爵夫人としての立場から訴訟問題で行かざるを得なかったベルギーだけである。アルガロッティの旅する自由は、しょせんエミリーとは縁のないものであった。

しかし一七三六年のこの時点では、まだその冷酷な運命は彼女の知るところではない。彼女はニュートンの国にいる男友だちを素直にうらやみ、自分もまた周りの男友だち同様、ニュートン啓蒙に参加しているのだという事実をみんなに知ってもらいたいと望んでいた。そのために自ら本を出版する計画はまだもってはいない。だからこそせめて肖像画で彼の本に登場したいと思ったのであろう。こちらの望みはかなえられる。彼女の絵姿は『御婦人方のためのニュートン主義』の扉絵（図4）となり、若き日の侯爵夫人の姿をいまに伝えてくれる。ただし絵のモデルの名はどこにも記されてはいない。

望みがかなってエミリーは満足しただろうか。もちろん、そのことには。アルガロッティはこの本をいまだ現役の偉大なる老フォントネルに捧げているのだが、彼に捧げた書簡体の献辞兼序文と自分の肖像画が同じ本に載るという事実は彼女の自尊心をくすぐった。しかしいくら『対話』の形式を借りたとはいえ、デカルト主義者たるフォントネルにニュートン主義啓蒙の本を捧げていることには大いに不満だった。

もうひとつ不満がある。内容である。デュ・シャトレ夫人はモーペルテュイに「アルガロッティの対話には豊富なエスプリと知識があります。〔…〕でも打ち明けて言いますと、私は哲学的な内容についてこんなふうなやり方をするのは好きではありません。恋人の愛が時間の二乗と距離の三乗で減少するとかいうのは、私としてはいただけないやり方です」（LC, N.135）と言って、その論法を批判している。また主題の選び方についても、モーペルテュイが隊長を務めた地球形状に関する科学アカデミー主催の北極圏探険のことが、序文に当たる献辞の部分で全然書かれていないのはおかしいし、第六対話でのこの話の取り扱い方も不十分だと批判している。結局デュ・シャトレ夫人の判断は「この本は軽薄で、化粧室にふさわしい読み物」という手厳しいものだった。

IL NEWTONIANISMO
PER LE DAME
OVVERO
DIALOGHI
SOPRA
LA LUCE E I COLORI.
quae legat ipsa Lycoris.
Virg. Egl. X.
IN NAPOLI
MDCCXXXVII.

図4　アルガロッティ作『御婦人方のためのニュートン主義』の扉絵

しかしアルガロッティとしては、重い本は考えてはいなかったから、「軽い読み物」と言われても「最初からそのつもりだった」と言うところだろう。むしろ彼女の最初の期待が大きすぎたのであり、この、現実との大きな落差をもたらした当初の過大評価がどこから来たのかを問うことこそが重要である。その理由のひとつは先にも述べたが、ヨーロッパを自由に旅する、とくにイギリスに遊学できるアルガロッティへの憧れがある。またおそらく、あちこちの社交界で歓迎された彼の魅力も無視できない。そして時間的な経過がある。彼をシレーに迎えた一七三五年時点（ニュートン研究を始めた頃）と、本が出版された一七三七年時点での彼女の学力には大きな開きがあったはずだ。科学の本に対して当初は彼女の要求水準が低かったとしても何の不思議もない。さらに自分の絵姿が載るという、自尊心をくすぐる話。これらの要因があいまって『御婦人方のためのニュートン主義』に対する期待はいやましにつのり、かえって実際に出版された本は、必要以上にエミリーをがっかりさせることになったのだろう。

そしてこの本の出版年が、デュ・シャトレ夫人が『物理学教程』を書き始めたと推定される一七三七年であるということを忘れてはならない。彼女がこれを書き始めた一番大きなきっかけは、何と言ってもヴォルテールの『要綱』だが、アルガロッティの本への失望もまた、「自分ならこういうふうに書くのに」と彼女に考えさせ、ペンをとらせた一因であるに違いない。たとえば北極圏探険の話題は『教程』のなかで大きく取り上げられているが、これなどは彼女がこのときの不満を忘れずにいて、自分の本のなかでそれを解消しようとしたことの証拠である。

そして一年後の一七三八年に出た『御婦人方のためのニュートン主義』仏訳は、おそらくエミリーのこの気持ちにさらに拍車をかけたのだ。というのも、これは二重の意味で彼女を裏切るものだったからだ。まずこちらにはデュ・シャトレ夫人の肖像画がない。翻訳者はあろうことかデカルト主義者のカステラだった。じつにカステラは翻訳者序文（本の冒頭にある）のなかで延々とデカルトを擁護し、翻訳そのものでも、巧みに著者のニュートン支持とデカルト批判をやわらげて、暗にデカルトを賞賛するという手法をとっている。これでは何のためのニュートン啓蒙の本か。彼女は怒った。次の批判は辛辣である。

御婦人方のためのニュートン主義が翻訳されました。貴方〔モーペルテュイ〕がカステラのとんでもない翻訳でこれをお読みになる忍耐力があるかどうかわかりませんけど。私はアルガロッティがこれをどう思っているのかは知りません。ニュートンの敵に自分の本を捧げたあとで、これまたニュートンと彼自身の敵と表明している人物によって翻訳されるにまったくぴったりの本ですこと。（LC, N.152）

じつは翻訳そのものだけでなく、ジェンダー問題に関してもこのふたつの本には違いがあった。なんとフォントネルに捧げたアルガロッティの序文の最後の文章の翻訳で、カステラは著者の主張を百八十度転換してさえいるのである。つまり、「もし貴方〔フォントネル〕が、御婦人方が私に啓示してくれた（le Dame m'ânno inspirato）考えに賛同してくださるなら」（Algarotti, 1737, p.XII）自分はうれしいとアルガロッティが序文を締めくくっているのに、カステラはこれを「もし貴方が、御婦人方を楽しませながら教育したいという望み（l'envie d'instruire les Dames en les amusant）が私に示してくれた考えを賞賛してくださるなら」（Algarotti, 1738, p.lxii）と訳して、「御婦人方」の役割を「啓示を与える」能動的存在から「楽しませながら教育を与えられるべき」受動的存在へと変えている。デュ・シャトレ夫人がカステラの誤訳を具体的に指摘している史料は残っていないが、このような翻訳者の女性観に気づかないはずはない。ただ、ここにはさらに皮肉なねじれが存在する。序文の女性観の差にもかかわらず、カステラの描く侯爵夫人のほうが、アルガロッティのオリジナルより知的な存在として描かれているのだ。これは（ラウラ・バッシという特例はあるにせよ）当時のフランスとイタリアにおける女性知識人の扱われ方の差からくるものであろう。しかしいずれにしても、どちらの侯爵夫人も聞き手でしかないという事実は変わらない。

結局この、大いなる期待をもってその出版を待っていた『御婦人方のためのニュートン主義』も、先の『要綱』同様、自分と著者との立場の違いをエミリー自身に明らかにすることになった。そしてこちらの場合は、恋人であるヴォルテールの本以上に、「代理の権力」のむなしさを実感したはずだ。つまり、自ら行動するのではなく、他人に自分のやりたいことをやらせようという考え方のむなしさである。それは当然だと読者は思うだろうか。しかしそれは社会の規範や法的権利が自分の望みと対立しない幸運な立場の人間にだけ許される感想なのだ。たとえばこの時代の女性が政治に参加したければどうすればいいだろう。女は政治家にはなれない。そこで「代理の権力」を行使するしかない。典型的な方法は国王や大臣の愛人などになって裏から政治をあやつるというものである。

しかし代理の権力はしょせん代理の権力である。愛人の立場は不安定だ。作家の協力者とて同じことだ。どれほど序文で自分のことを賞賛してくれても、あるいは自分の肖像画を入れてもらっても、本の内容まで左右できないし、作品への賞賛も批判も結局真の著者のものだ。この二冊の本の執筆と出版の過程をつぶさに見ながら、デュ・シャトレ夫人はこの冷酷な真実を認めざるを得なかった。自分の求めるものは他人の作品のなかには存在しない。たとえその他人が恋人でも友人でも、だ。したがっていまのフランスには自分の企画している本に類似したものは存在しないという『物理学教程』の序文におけるデュ・シャトレ夫人の宣言は、フランス科学界の現状分析であると同時に、彼女の独立宣言でもある。

エミリーは一七三七年のある日、「自分だけの」本を書き始める。ヴォルテールにすら内緒で。もう侯爵夫人は男性哲学者の単なる聞き手ではない。

モーペルテュイの北極圏探険旅行

さて、アルガロッティの本ではその語り方が「哲学的でない」とモーペルテュイに訴えた地球形状に関する北極圏探険旅行とはいかなるものだったのだろうか。そしてそれはエミリーにどういう影響を与えたのだろうか。

そもそも地球の形状はギリシア時代から球だと考えられていた。科学革命初期の地動説論者たちでもこれを疑うことはなかった。ところがデカルトの渦動論が導きだした地球の形状は、回転楕円体ではあるものの球ではなく、縦長の楕円体、つまりメロンのような形になるというのである。それだけではない、万有引力を唱えたニュートンが自分の理論から導いた結果はその正反対、極地が平たい、ミカンのような回転楕円体になるというものであった。惑星の軌道が円でなかったように、惑星である地球自身の形もまた単純な球ではないらしいことがだんだんと学者たちにもわかってきた。しかしどちらの説が正しいのか。この状況をヴォルテールが『哲学書簡』第十四信のなかで面白おかしく説明している。

ロンドンに到着するフランス人は、そのほかのことと同様、哲学においても当地ではずいぶん勝手が違っていることに気づく。彼は充実した世界をあとにして、今や世界は空虚であることを発見する。パリでは宇宙は微小物質の渦動から構成されているのだけれど、ロンドンではそのようなものはまったく見られない。われわれの国では、満潮を引き起こすのは月の圧力なのだが、イギリス人の国では、海が月のほうへ引き寄せられるのだ。〔…〕

貴方のデカルト派たちの間では、あらゆるものはわれわれにはまったく理解できないある衝撃によって行なわれるが、ニュートン氏にあっては、それと同じくらいその原因がわからない引力というもので行なわれるのだ。パリでは貴方がたは地球をメロンのような形をしたものと想像しているだろうが、ロンドンでは地球の両極は扁平になっている。(Voltaire, 1961, pp.91-92)

この頃フランスではこの主題をめぐって激しい論争が起きていた。きっかけはモーペルテュイの『天体形状論』(一七三二)である。彼はここでニュートンの引力体系とデカルトの渦動論体系とを比較検討し、ニュートンの理論に軍配をあげている。これに対して賛否両論が巻き起こったのである。

これに決着をつけるために科学アカデミーが実際に探険隊を国外、それも北極圏と赤道地方に派遣してどちらの理論が正しいか実証しようということになったのである。このとき北極隊の隊長になったのがモーペルテュイ、赤道隊は数学者で博物学者のラ・コンダミーヌである。赤道隊は一七三五年五月、天文学者のブーゲ、博物学者のジュシューほか錚々たるメンバーを率いて、新大陸のペルーに向かって出発した。これに遅れること一年、一七三六年五月に北極隊はラップランドに向けて出発した。こちらもクレローや天文学者のル・モニエら優秀な科学アカデミー会員をそろえての出発であった。モーペルテュイの部隊がさまざまな困難を乗り越えて無事観測を終え、パリに戻ってきたのは一七三七年八月二十日。翌日には観測成功の報告のためにヴェルサイユ宮殿で国王ルイ十五世に謁見する。それは凱旋にふさわしい、ニュートン説勝利のデータを手にしての帰還であった。地球は両極が扁平の回転楕円体なのだ！

この探険の成功で、モーペルテュイは一躍スターになる。もともと社交界の人気者だったが、成功は彼にさらなる輝きをつけ加えた。毛皮の帽子を被った「北極ファッション」（図5）は彼のトレードマークとなる。加えてフィンランドからふたりの女性が彼を追いかけてパリまでやってくるという事件が話題を集めて、この魅力的な数学者は以前にもましてあちこちのサロンでひっぱりだこになった。

さて、この頃デュ・シャトレ夫人は何をしていたのだろうか。彼女もこの世紀の冒険旅行に、とりわけニュート

図5　毛皮の帽子を被ったモーペルテュイ（ルブラック・トゥールニエールの絵をもとにしたドゥイエの版画，個人蔵）

ン主義の勝利に熱狂していた。だが微妙な問題もある。少なくともこの計画がとりざたされていた一七三五年から三六年頃のエミリーは熱狂とはほど遠い精神状態にあった。ラップランドは遠い。探険計画の意図には賛成だが、モーペルテュイに会えなくなるのは苦痛だった。エミリーはまだまだ彼に対する未練がいっぱいなのだ。せめて出発前にシレーを訪ねてほしいと懇願するが、かなえられない。そのうえ彼は彼女のお気に入りのクレローとアルガロッティを北極圏探険に誘ったのである。科学を語ることのできる自分の友人がみんな遠くに行ってしまうという事態は彼女を落ちこませた。エミリーはモーペルテュイにそのことで不満を訴えた。

実際、優秀な数学者であるクレローはともかく、数学や地理学の専門家でもないアルガロッティが誘われたという事実はヴォルテールの心をもさわがせた。彼はアルガロッティに嫉妬し、自分も旅する詩人になりたいと恋人に語る。だからこそこのすぐあとにアルガロッティがはじめてシレーにやってきたとき、エミリーとヴォルテールにとってすでに彼は特別な存在だったのだ。アルガロッティは結局北極圏には行かなかった。『御婦人方のためのニュートン主義』執筆を中断したくはなかったのだ。そのかわり、先に見たように彼はイギリス遊学に旅立つ。

結局出発の前にパリの館に会いにきてくれたのはモーペルテュイではなくクレローだけだった。それでもエミリーはこのつれない男に向かって手紙を書き続ける。今度はモーペルテュイも返事を書き、彼女は探険の記事が載っている雑誌を熱心に追いかけるのだった。そして探険から帰ってきたら今度こそシレーにきて、地球の形状について話をしてくれと何度も頼んでいる。

ここで事件が起きる。ヴォルテールが再び亡命しなければならなくなったのだ。原因は彼の風刺詩「粋人《ル・モンダン》」である。アダムとイヴの楽園を徹底的にからかい、現代文明の優位を謳いあげたこの詩に教会は怒り、司法大臣をはじめとする信仰者の憤激を鎮めるには、亡命しか手はなかった。心配で気も狂わんばかりのデュ・シャトレ夫人を置いて、ヴォルテールは一七三六年の十二月、オランダに向かって旅立つ。オランダのあとは彼に非常な好意を示してくれるフリードリッヒ王子（のちのフリードリッヒ二世）の待つプロシアに滞在する予定である。

こうして気がついたらエミリーはシレー城でひとりぼっちだ。モーペルテュイとクレローは北極圏に。イギリスを旅したアルガロッティはヴェネツィアに戻っている。それだけではない。はじめはこの亡命に悲しんでいたヴォルテールだったが、オランダでス・フラーフェサンデをはじめとする著名なニュートン主義者たちとの交流を温め、かつてのイギリス亡命と同様、しだいにその滞在が楽しいものとなってゆく。フランスでの危険が去っても、彼は帰りたがらない。プロシアでフリードリッヒ王子に会える期待で浮足立っている。エミリーは自分だけが取り残されているこの状況にあせるが、何もできない。先にも見たように「侯爵夫人」である彼女はその誰をも追って「行く」ことはできない。シレーかパリで、これらの男たちを「待つ」しかない。

オランダはともかく、プロシアに長居をするというヴォルテールの態度はエミリーには耐えられない。自分の不自由さと比較した恋人の自由に対する嫉妬もあったが、彼女にはそもそもフリードリッヒという人物が信用できなかった。というのもこの王子は若い頃から、お気に入りの男性を極度に寵愛し、女性にはあまり興味を示さないことで有名な人物だったのだ。加えて彼の父親であるフリードリッヒ一世の残忍さは、ヨーロッパ中に鳴り響いている。これらすべてはエミリーを恐れさせるに十分であった。恋人の懇願に負けてしぶしぶヴォルテールがプロシアから帰ってきたのは一七三七年の二月だった。そうして彼は『要綱』の仕上げにとりかかる。北極隊がパリに帰還したのはそれから半年後である。エミリーはこの凱旋に大喜びで、モーペルテュイをシーザーに譬えた手紙を彼に書き送っている。

エミリーにとってニュートン主義の正しさを世界に示したモーペルテュイは、シーザーのような英雄だった。これはそれほど誇張した表現ではない。彼はこの時期まさに科学の英雄だった。探険隊長はあちこちでスリルとサスペンスに満ちたこの探険について語り、大衆も彼自身も、自然の脅威との闘いだけでなく、長い複雑な測定や計算という作業も含めて、この旅のすべてを完全に「男らしさ」にあふれた英雄たちの営みとしてとらえていたのである。ともあれデュ・シャトレ夫人もヴォルテールも、ニュートン主義はこれでフランスでも完全に勝利したと思った。しかしカッシーニ一族を中心とした科学アカデミーのデカルト主義者たちは、すんなりとニュートン説を受け入れはしなかった。権威者たちのこの態度に対して、デュ・シャトレ夫人はモーペルテュイに次のように書き送っている。

結局のところフランスではニュートン氏が正しいとは思いたくないのです。それでも貴方のおかげで、この国までニュートンの栄光の一部が及んだように私には思われます。〔…〕われわれは哲学における異教徒なのです。私は自分がわれわれというときの大胆さにうっとりしてしまいます。

もっとも軍隊の皿洗いだってわれわれは敵を倒したと言い切りますけれどね。(LC, N.114. 強調はデュ・シャトレ夫人自身)

この手紙は科学における彼女の野心を知るにあたって注目に値する。というのも、彼女はここで「われわれ」と書くことで自分をフランスにおけるニュートン主義啓蒙のパイオニアのひとりとして位置づけているからだ。この啓蒙を戦争に譬えるなら、モーペルテュイは正規の軍人で自分は「軍隊の皿洗い」のようなものと、いちおう謙遜してはいるが、あえて「われわれ」と言い切ったことの意味は重要である。それはこのときの彼女の逆説的現実を考えてみるとより一層明らかになる。

というのも、モーペルテュイやヴォルテール、アルガロッティ、クレローといった、彼女以外の「われわれ」はすでに印刷物や観測などでニュートン賛成派であることを第三者に対して公にしている、あるいは確実に公にする予定(しかもこの予定は人びとの知るところである)のある人物である。たしかにもうすぐ出版されるヴォルテールの『ニュートン哲学要綱』にエミリーは大いに協力したし、そこには彼女への美しい献辞もある。アルガロッティの本には自分の肖像画が載る予定である。しかししょせん著者ではない。それに北極圏探険が科学アカデミーによって企画されてからの彼女の境遇はなんというものだろう。男たちはみんな、自由に外国でニュートン啓蒙計画を推し進めている。自分だけがフランスに足留めされている。現実にはこの「われわれ」はけっして対等ではない。

彼女はその生涯に何度も何度も有名な学者たちに向かって「シレーに(あるいはパリのアパルトマン

に）来てほしい」という手紙を、相手の都合かまわず書き送った。そしてその望みがかなわないときは落胆したり怒ったりした。それを単なる彼女のわがままさのためだけだと解釈してはならない。男たちのほうにしてみれば陸の孤島シレーをしばしば訪れるほど暇ではないだろうが、それでは彼女はどうすればいいのだろう。これらの男学者や男フィロゾーフはエミリーに「考える生き物」たる自分自身というものを気づかせてくれたが、精神はともかく、彼らの行動の自由は彼女のものにはならない。一七三六年から三八年にかけての状況だけを見てもそれは明らかである。目覚めたエミリーにとって、この歴然とした立場の差を認識することは苦痛だったに違いない。ヴォルテールのように、モーペルテュイのように、行けるものなら北極圏にでもオランダにでも行っただろう。しかし現実の彼女にできたことは彼らを誘う手紙を書くことだけだった。

だからこそエミリーは「われわれ」と書いたのだ。「われわれ」と書くことで、それでも自分も彼らと同じくニュートン啓蒙に参加し得るのだということをこの科学アカデミー会員に対して表明したかった。そしておそらく、この時期にある程度書き進められていた『物理学教程』のことが念頭にあったに違いない。この手紙を書いてしばらくしてから、やっと彼女はアルガロッティの本を手に入れる。そこでの失望は先に書いた通りである。彼女は決心した。自分の本にこの探険と地球形状論のことを入れよう。それはヴォルテールの本にも、アルガロッティの本にもきちんと説明されていない。自分の本だけがそれを公衆に対して明快に紹介できるだろう。たとえその探険自体は、「男だけの特権的世界」に属していようとも、だ。いまの女には物理的な冒険に出る権利はない。しかしそれを記述することは可能だ。

北極圏探険はデュ・シャトレ夫人に、『物理学教程』に入れるべき、自分たちの世紀に起こった科学的トピックスのひとつを提供した。それだけではない。探険隊の出発から帰国に至る時期に、世界を動き回る「能動的」な男たちに対して、ひとり「受動的」な生活を強いられたこの経験こそがむしろ彼女をして彼らの対等な仲間になりたいという野心と欲望をかき立てた。エミリーはモーペルテュイが帰国した年に移動をともなわない冒険に乗りだす。そしてモーペルテュイは彼女のこの計画を知る前に、それと知らずにもうひとつの侯爵夫人の科学作品を読むことになるだろう。そのタイトルは「火の本性と伝播に関する論考」である。

科学アカデミーの懸賞論文「火の本性と伝播に関する論考」

公衆は本年、学芸にとってもっとも名誉ある事件に出会った。それは王立科学アカデミーが一七三八年度に割り当てた懸賞のために、ヨーロッパの最上級の哲学者たちによって書かれた約三十もの論文のなかで、五つの論文が賞を競い合い、この五つのなかのひとつはひとりの女性の手になるものであったということである。しかもその女性の高い身分は何らその結果に関与していない。

(Voltaire, 1739, p.1320)

これはヴォルテールが一七三九年に『メルキュール・ド・フランス』(以下『メルキュール』とも記す)という、当時の有名な啓蒙誌に発表した記事の一部である。ここで賞賛されている「高い身分の」女性こそ、デュ・シャトレ夫人その人である。いったい彼女はどういう形で科学アカデミーに認められたのであろうか。そもそも科学アカデミーの懸賞とはどういうものだったのか。

じつは科学アカデミーの懸賞といっても種類はさまざまで、ここで問題になっているのは、一七二〇年から行なわれている、メスレーというパリ高等法院判事が科学アカデミーに遺贈した基金によって設立された懸賞のことである。これは、哲学的主題および自然学的主題(天文学中心)の部門と、海上技術の部門からなっていた。受賞者には、前者では二千リーブル、後者では五百リーブルという高額の賞金が与えられることになっていた。一七三八年度の哲学・自然学部門のテーマは「火の本性と伝播について」。募集要項は一七三六年四月号の『メルキュール』に発表された。締め切りは翌年の九月一日、発表は一七三八年の復活祭後はじめての科学アカデミー公開会議の席上である。

募集要項を見たヴォルテールは早速参加者の名乗りをあげる。そのとき彼は『ニュートン哲学要綱』を執筆しており、彼の科学熱は最高潮だった。いまこそデカルト主義に凝り固まった(と、彼が思っていた)科学アカデミーに対して、「火」のような実験科学的分野(数学的科学に対しての)においてもニュートンの理論が応用できることを証明しようとしたのである。ヴォルテールはシレー城に化学実験のための道具や本を買い込んで準備を始める。デュ・シャトレ夫人も彼といっしょに本を読み、実験に立ち会った。締め切りのひと月前にエミリーは自分も火について論文を書くことを決意する。彼女は、ヴォルテールに内緒でこの作業を進め、こっそり応募する。

結果は次の三人の人物が賞を分けあった。のちにパリの科学アカデミーの外国人会員にもなる著名な数学者オイラーと、マルブランシュ主義者でイエズス会のコレージュの教授でもあるフェスク師、デカルト主義者のクレキ伯爵であった。つまりデュ・シャトレ夫人もヴォルテールも落選したのである。

この時点になってはじめてエミリーは、自分も懸賞に応募していたことを恋人に打ち明けた。これを聞いたヴォルテールは、この審査を担当した科学アカデミー会員たちと接触をとり始める。じつはモーペルテュイは審査委員のひとりであり、自分でも知らないうちにデュ・シャトレ夫人の論文を読んでいたことに驚いた。ともあれヴォルテールはこの友と、審査委員長であった博物学者でもあり数学者としても著名なレオミュールをまじえての交渉の末、なんと自分とデュ・シャトレ夫人の作品を上の受賞三作品に次ぐもの、つまり次点作品として科学アカデミーの雑誌に掲載するという異例の許可をとりつけたのであった。

かくして五人の作品が雑誌に載ることになる。ただし本人たちの希望でデュ・シャトレ夫人とヴォルテールの論文は匿名であり、彼女はただ、「身分の高い若い女性」とだけ記されている。じつにこの年の懸賞は、わかっている限りにおいて、科学アカデミー廃止のその年まで女性が参加した唯一のメスレー懸賞となったのである。

エミリーは科学アカデミーの決定に狂喜する。しかしどうして彼女は落選するまでこのことについて口を閉ざしていたのだろう。また、どうして落選してから恋人にそれを打ち明けたのだろう。ここで彼女がこの経緯についてモーペルテュイに宛てて書いた手紙を見てみよう。

私がアカデミーのために論文を書くほどの大胆さをもっていたというので貴方がとても驚かれたことと思います。私は匿名ということに守られて試してみたかったのです。と言いますのも、私はそのことをけっして知られたくなかったからです。私はデュ・シャトレ氏だけにこのことを打ち明けていました。〔…〕私はヴォルテール氏には秘密のままでしたので、全然実験というものができませんでした。〔…〕私が応募を思いったったとき、すでに提出までにひと月しかありませんでした。私は夜しかこの仕事ができず、そのうえこの手のことがらには全然経験がありませんでした。私が自分の作品を始める前にほとんど終わっていたヴォルテール氏の論文は、私にいろいろなアイディアを思いつかせ、私もこの人と同じ道をたどってみたいと思ったのです。私は自分でも論文を送るかどうかわからないまま仕事にとりかかりました。そしてヴォルテール氏にはそのことを一言も言わなかったのです。なぜなら、この人が気に入らないかもしれない恐れのある企てがこの人の目に触れて恥ずかしい思いをしたくなかったからです。そのうえ、私は自分の作品のなかでこの人の考え方のほとんどすべてに反対していました。雑誌がふたりとも落選したことを告げたときにはじめてこの人に打ち明けたのです。（LC, N.129. 強調は引用者による）

さて、この手紙はどう解釈すればいいのだろう。この手紙は当時の女にとっての「書く」ことと「公表する」こととの違いについての認識がないと理解できない。デュ・シャトレ夫人が「書く」動機は明らかだ。ヴォルテールの仕事を手伝っている内に、自分もまた彼と同じように論文を書いてみたいと思ったことである。つまり『物理学教程』の直接の執筆動機と同じである。しかしこれだけでは「公表する」ところまではいかない。というのも同時に「論文を送るかどうかわからないまま仕事にとりかかりました」とあるからだ。さらに別の手紙で、やはりモーペルテュイに「誓って、私は賞なんて全然求めていなかったのです」(LC, N.152) とまで書いている。

手紙を読む限りでは、デュ・シャトレ夫人にとって「書く」ことは即「公表する」ことにはつながらない。しかしこれは本音だろうか。だいたい彼女の論文は百ページ以上の大作である。上位五人の論文のなかでもきわだって長い。ちなみにオイラーのものは十七ページしかない。そんな長い論文を懸賞に出すあてもなく書き、賞を求めずに提出したというのは現在のわれわれの目から見ればいかにも不自然だ。しかもデュ・シャトレ夫人は、これとまったく同じことをもっと長い作品である『物理学教程』執筆、印刷の過程でもくり返すのである。ここにはジェンダーの視点を導入しなければ絶対に見えてこない問題が隠されている。結論から先に言えば、デュ・シャトレ夫人は当時のジェンダーを自分自身でもある程度内面化していたがゆえに、本音と建前とを自分ですらそう簡単には区別できない混乱した心理状況にあったということだ。

というのも、本音では賞がほしいと本人が自覚していたと仮定すると、自分でも認めている秘密執筆ゆえの悪条件をどうして甘受したのかという疑問が出てくる。まず、自分自身の実験ができない。ヴォルテールに知られないように「夜（夜中を指す）しか」書けない。さらに秘密執筆では絶対にかなえられない条件がある。それは第三者、それも科学にくわしい第三者の助言だ。ヴォルテールはオランダでス・フラーフェサンデたちニュートン主義者と火について語り、帰国してからもそのことで文通することができた。しかし秘密執筆では、何か疑問が出ても誰にも聞けない。

このような、作品の完成に不利な行為がやはり『教程』でもくり返されたことを考えると、懸賞や火が問題なのではなく、公言執筆そのものをエミリーがどれほど危険な行為だと感じていたのかがよくわかる。「私は匿名ということに守られて試してみたかった」という言葉は、その「守り」がないとどうなるのかということを彼女がよくわかっていたということである。

デュ・シャトレ夫人の意識している秘密執筆の理由とは、火についてのヴォルテールとの見解の相違と、彼女の懸賞参加を彼が気に入らないかもしれないという恐れである。まず見解の相違についてだが、たしかにふたりの結論はかなり違っている。一番の違いは、先に述べたエミリーの『要綱』の書評でも問題になった、光や熱のもとになるものに重さがあるのかという問題である。ヴォルテールは一貫して、あくまでこの世のすべてのものは原子《アトム》のような質量のある物質粒子から構成されていて、万有引力の法則に従うという意味で、ニュートンの世界観に忠実たらんとした。したがって「火」粒子の質量を測定しようと試み、融解を含む金属の加熱と冷却、灰化実験で重量増加を観測しようとした。この、金属の灰化による重量の増加現象は、その解釈をめぐって、半世紀後にラヴワジエの推進した化学革命で大問題となるものだが、ヴォルテールはこの実験に失敗している。ところが彼は、重量増加が確認できなかったのに、強引に火にも重さがあることが確からしいと結論している。これでは彼が金科玉条にしている「仮説をつくらず、経験を重視する」というニュートンの方針に忠実とは言い難い。エミリーはどうしてもこの点に反論せずにはおれなかったのだろう。

デュ・シャトレ夫人はオランダのニュートン主義者であるブールハーヴェの説をとる。それは「火」には重さがなく、「火」とは万有引力と釣り合う斥力の原因であり、世界を一方的な凝縮から防ぐ役割をしているという説だ。この説では「火」の量の測定のためには、火を保持している物質の体積を測定しなければならない。じつにこのふたりは、同じ本を読み、同じ実験を行なったにもかかわらず、まったく違う結論に達したのである。つまり、科学論でよく言われているところの事実の理論負荷性、「事実は理論を覆さない」という説はここでも該当している。

コラム10　デカルトの火の粒子

デカルトが『宇宙論』(一六六四)で展開した物質論に出てくる機械論的な元素のひとつ。これは大きさも形ももたない極微な元素で、光や熱の原因ともなり、太陽や恒星の構成要素である。彼はこのほかに宇宙空間の主要構成要素である、もう少し大きな空気の元素、惑星や彗星の主要構成要素である一番大きな土の元素を設定している。これらは名前だけは似ているがアリストテレスの四元素(火・空気・水・土の元素)と違い、数学的性質しかもたない。デカルトは、アリストテレスが本質的と見なした感覚的性質は、これら三元素の組み合わせや運動がもたらす二次的なものと考えた。

しかしこの「見解の相違」は秘密執筆の主要な理由ではない。というのも、落選してからとはいえ、彼女は結局彼に論文のことを打ち明けたからだ。重要なのは打ち明けた時期である。「ふたりとも落選した」のでなければ、いったいエミリーはどうするつもりでいたのだろう。

「女役割」と「自然の研究」

それまでの状況を考慮すると、論文を書きたいと思った時点で、エミリーは完全にダブルバインド的な心理状況に陥ったとしか考えられない。つまり、一方ではヴォルテールと「同じ道をたどりたい」、要するに競いたいと思い、他方ではそれを知られることを「恥ずかしい」と思っている。もし自分が入選してヴォルテールが落ちれば、彼のプライドを傷つけるのではないかと危惧すると同時に、もし逆になれば、科学アカデミーが自分の科学的能力をヴォルテールより劣っていると判断したことに傷つくだろうという不安もある。どちらの結果も怖いのだ。結局ふたりとも落ちた時点ではじめて精神の平衡をとり戻して、彼に打ち明けることができたのだろう。

しかしヴォルテールのプライドが問題だとして、それはどういう種類のプライドなのか。科学に関しては恋人のほうが優秀だということは詩人自身も認めて、公言していた事実なのではなかったのか。もしはじめに名乗りをあげたのがデュ・シャトレ夫人だったら、ヴォルテールが途中で論文を書きたいと思ったとして、それを彼女に隠したりしただろうか。また彼が、公表しない可能性も考えながら書き始めたり、賞など狙っていなかったなどという言い訳をする可能性などあっただろうか。否、考えられない。ヴォルテールだけではない。彼女の周りの男たちの誰ひとりとしてそんなことはしないであろう。問題の核心はまさにこの女と男の行動の非対称性にある。デュ・シャトレ夫人の奇妙で矛盾した行動は、この時代に女性がこのような作品を書き、公に男たちと競うことはまったく異例のことであり、そのどれひとつを選択するのにも多大の勇気を必要としたということの証拠である。「女神《ミネルヴァ》は語り」、人間の男に「書く」ためのインスピレーションを吹き込んでもいい。しかし自らそのことを表明してもいけないし、ましてや自ら書くのはまったくのルール違反なのだ。

そしてそのルール違反の重大性は、ヴォルテールのその後の行動のなかに鮮明にあらわれている。彼自身は傷つくどころか、自分たちふたりがニュートン主義者であるゆえにともに科学アカデミーに拒否されたことをむしろ名誉と考え、彼女と自分の作品をその雑誌に載せようと奔走した。モーペルテュイも彼女の作品を高く評価し、この印刷実現に一役買っている。それはエミリーが予想しなかった肯定的評価であったろう。しかし問題はその誉め方である。じつはこの節の冒頭に引用したヴォルテールの記事の最後は、次のような文章で締めくくられている。

> この論文〔デュ・シャトレ夫人の論文〕は、これらの研究にだけ没頭している男性の哲学者によって書かれたにしてもきわめてすばらしいと評価できるだろう。しかし事実は、これはひとりの女性――家の勤めがあり、家庭をとりしきり、雑用に追われているひとりの女性がなした仕事なのだ。

私は、この世紀、自分たちが生きているこの啓蒙の時代にとって、これほどに輝かしいことがらを知らない。(Voltaire,1739, pp.1327–1328. 強調は引用者による)

この文章は、当時の社会が女をどのように定義していたか、そしてそこから外れた女性を守るにはどうすればよいかということをみごとに表現している。要するに女は絶対にこのような研究に「没頭」してはならないのだ。そんなことをすれば、家の勤めがおろそかになり、雑用が山積みになってしまう。雑用から逃れて知的な作業に没頭することは男の特権なのだ。「女役割」と「自然の研究」は相反するものという前提がこの文章の背後に存在している。ところがデュ・シャトレ夫人はこれらの「女らしい」責務をこなしつつも、素晴らしい論文を書いたのだから、申し分のない女性であるというのがヴォルテールの主張である。これは事実の忠実な解説とは言い難いが、とにかく彼としてはそうしないと恋人が批判されることがわかっていたのでこのように書いたのである。実際、詩人はつねにこの方法で恋人を擁護し続ける。しかし彼らをとりまく社会は、ヴォルテールのこの修辞を凝らした防御にさえ抵抗する。典型的なのがプロシア王子フリードリッヒの痛烈な皮肉である。王子の次の手紙には、当時の父権主義者たちに共通する怒り――「男の領域」とされているものに「侵入」しようとする女に対する典型的な怒り――が表明されていると言ってよい。

実際夫人はやりすぎです。夫人はわれわれ男性から、われわれの性に特権として与えられているあらゆる利点を奪おうと望んでいるのです。私はもし夫人が軍隊を率いることに夢中になったら、コンデ侯やテュレンヌ殿〔有名な軍人〕といった人びとの遺灰を赤面させるだろうと、震えてしまいます。（CV, D.1932. 強調は引用者による）

「女らしさをもちつつ同時に科学アカデミーの学者に匹敵する学識をそなえていた女性」というエミリーの味方たちの主張は、彼ら父権主義者に対しては何の効果ももたらさないどころか、彼女の研究のレベルが高いほど、「男の特権をおびやかすもの」として、さらなる批判の対象となる。しかし論文のレベルが低ければ、それはそれで「女は学問に向かない」という社会通念の証拠になる。結局、デュ・シャトレ夫人の「火の論文」執筆と懸賞応募という事態は、その内容がどうであれ彼らにとっては許し難いのだ。だからこそ彼女は秘密で執筆し、さらに印刷にあたって匿名に固執したのである。

　そしてプロシア王子の懸念は、ある意味ではそう的の外れたものでもない。たしかに彼女は男性の領域に堂々と踏み込んだのだ。というのも、火という非数学的領域に音の速度の方程式を応用して代数的に火を考察しようとしたオイラーの斬新な論文を除けば、クレキ伯爵とフェスク師の論文は形而上学的色彩の濃い「伝統的な」ものであり、エミリーのものより圧倒的にすぐれているとは言い難い。彼女の論文に問題があるとするならば、むしろ秘密執筆のせいで論文を見直す時間もなく、第三者の講評も聞けなかったので、全体に冗長でまとまりが悪いという点であろう。

正誤表をめぐる問題——科学アカデミーとの葛藤

こうして、粗削りな論文ではあったが、結果としては科学アカデミーの雑誌に載ることになり、デュ・シャトレ夫人にとっては喜ばしい結果に終わった。ただ、ひとつだけ雑誌に不満がある。それは匿名という希望は認められたものの、執筆時点と印刷開始時点で見解を変えていたことがらに関して要求した修正が認められなかったということである。この事件はデュ・シャトレ夫人がどの時点でライプニッツに興味をもったのかを示す重要なメルクマールである。

一七三七年秋の締め切り時点ではデュ・シャトレ夫人は運動する物体の力に関してニュートン説、つまり運動の量をとっているが、この修正要求から、一七三八年の賞の発表時にはライプニッツ説である活力支持に変わっていたことがわかる。しかし、どんな理由であれ賞の決定後に懸賞論文を修正してくれと頼むのはおかしな話である。審査されたときの形で出さなければ載せる意味がない。なぜ彼女は科学アカデミーは正誤表をつけるということで、しぶしぶこの問題に決着をつける。科学アカデミーにこんな理不尽な要求をしたのだろうか。じつはここにもまたジェンダーの問題が隠されている。このことで彼女がモーペルテュイに宛てた手紙を見てみよう。

おわかりでしょうか、アカデミーに印刷される栄誉を得て、私は自分が切望していたものをすべて手に入れたのです。〔…〕私は貴方が〔「火の論文」について〕私に言ってくださろうと思っていることすべてを有難く思うのです。そして貴方に読んでいただけることは、私が望んでいたはずのものよりすばらしい賞なのです。〔…〕私はレオミュール氏に正誤表を入れてくれるように頼みました。私には、自分が論文に入れる訂正はアカデミーに捧げる私の崇拝であり、〔印刷という〕アカデミーの判断に対する私の敬意の証だと思っているのです。(LC, N.152)

これはほとんど科学アカデミーに対する信仰告白ではないのか。一見科学アカデミーの判断よりモーペルテュイの判断を重視しているように見えるが、結局彼は会員であり、この懸賞の審査員なのだ。それにエミリーはまだ彼に多少「女として」未練があった。彼の気を惹きたいという気持ちがここにあるならば、気を惹きたい男の判断を、価値あるものと比較してこそ意味が出てくる。言い換えれば、この手紙は科学アカデミーの評価をどれほど彼女が重視しているかということの動かぬ証拠である。

すでに見てきたように、片方で「科学アカデミーはデカルト主義の牙城だ」と批判しつつ、片方でこのように憧れるという彼女のアンビヴァレントな態度は、入会できなかった「男性」非会員がこの組織に抱いていた屈折とは比べものにならない。たとえデュ・シャトレ夫人が世紀の大発見をしても科学アカデミー会員にはなれないのだ。だからこそ女性の論文が科学アカデミーの雑誌に印刷されるということは、ヴォルテールの言うように驚くべき事態なのである。おそらくこの先このようなチャンスはないだろう。それなら自分が完璧と考える状態で論文を印刷させたいとエミリーが力みすぎたとしても不思議はない。だから彼女が、自分のためではなく、科学アカデミーの栄誉のために訂正、あるいは正誤表を載せたいと主張するとき、それは戦略でも何でもなく、本心からのことであったろう。しかし、彼女以外はすべて男性であるこの事件の関係者に、こんな気持ちが理解できるはずはない。科学アカデミーの側も、デュ・シャトレ夫人の側も、相手の言い分に完全には納得しないまま、五編の火に関する論文を載せた雑誌は一七三九年に出版された。

結局この懸賞からエミリーは何を学んだのだろうか。ひとつはともかく科学アカデミーにそれなりに認められ、学者たちに名を知られたという快感である。批判は相変わらず存在したが、これではじめてデュ・シャトレ夫人の科学的能力というものが、恋人や友人の作品のなかでの賛辞、などという抽象的なものではなく、本人の作品を通して公衆の前に具体的に明らかになったのだ。エミリーは自分の名声が上がったことに喜ぶ。しかしこれは半分の事実でしかない。「火の論文」に関する一連の事件が物語っているのは、デュ・シャトレ夫人の置かれた「能動的に科学に参加する女性」という立場は、まったくの孤独な立場で、類似の経験をして夫人の気持ちが本当にわかる人間は周囲には誰も存在しないということである。科学アカデミーの雑誌に載ることは名誉であるが、それは自分の思いどおりに印刷したいという望みとは両立しない。

ヴォルテールの火の論文もまた、『ニュートン哲学要綱』同様、『物理学教程』執筆の動機のひとつかもしれない。しかしこと出版に関しては、自分自身で書いた「火の論文」とその印刷をめぐる事件こそが、彼女をして『教程』を自分で出版したいと思わせた大きな要因ではなかったろうか。先に見たように、自分の「火の論文」が賞を競った作品の内にあったということを知ったのちの一七三八年秋に、彼女はヴォルテールの『要綱』の辛口の書評を雑誌に載せている。科学作品を「書く」ということに対するためらいはもはやない。そしておそらく、「公表する」ということもだんだん「書く」ことの前提になりつつある。しかし完全にひとりで決意するわけではない。「口実としての他者」はまだ必要だ。ひとりの女友だちがエミリーに出版をうながし、その完成のためにひとりの男性数学者がシレーに招待される。

『物理学教程』の出版

ケーニッヒの私に対する振る舞いの一部始終は下劣な行為のかたまりで、〔…〕ここにはそのうえに恐るべき裏切りがあるのです。私はシレーでの余暇に、息子のためにと思って自然学の基礎を書いていました。ところが当時シレーに滞在していた女友だちのひとり〔シャンボナン夫人〕が、それを出版するようにと私を説得したのです。友だち曰く、フランス語で書かれたこのたぐいの本はないし、自分しかこの本のことを知らない以上、〔匿名にすれば〕著者が知られる心配もないので、仮にその本に対する批評が好意的なものでなくても、危険を冒すことなく私自身がどんなふうに評価されるのかこっそり楽しめる、というわけです。この意見は私には面白いように思われましたので、この女友だちの理屈に従ったのです。〔…〕〔これらの話は〕私がケーニッヒと出会う一年前の

ことなのです。(LC, N.241. 強調は引用者による)

これはデュ・シャトレ夫人が一七四〇年六月三十日に数学者のヨハン・ベルヌイ(コラム11のヨハン(II)に当たる人物)に宛てた手紙である。エミリーはこのとき不愉快な事件に直面していた。それは一七三九年四月より十一月まで彼女の家庭教師をしていた数学者のケーニッヒが、先の手紙のなかで「自然学の基礎」とされている本、つまり『物理学教程』の本当の著者は自分だとパリ社交界で言いふらしたという事件である。

じつはケーニッヒがシレーに来る直前の一七三九年の一月、モーペルテュイとヨハン・ベルヌイはここを訪れていた。このときにベルヌイの知性と人柄を気に入ったエミリーは、ぜひ自分と息子の数学の家庭教師になってしばらくシレーに滞在してほしいと頼み込むが、彼は即答を避けた。モーペルテュイが陰でストップをかけたのである。彼は友人がエミリーの激しい要求に振りまわされることを懸念していた。そこでとりあえず紹介されたのが、同じスイス人の数学者で、ヴォルフ流のライプニッツ主義者ケーニッヒだった。しかしこの学者は気難しい性質で、エミリーとは合わなかった。さらにライプニッツ嫌いのヴォルテールとも気が合わず、俸給についての不満がこれに加わって、彼らの仲が決裂し、社交界でのスキャンダルに発展したのである。

では、なぜそもそもエミリーはベルヌイを家庭教師にしたかったのだろう。それは『物理学教程』の出版にあたって、数学の部分を事前に専門家に見てもらいたかったのである。しかしシレー訪問時にはベルヌイに『教程』の話をしなかった。彼が本のことを知ったのは、ケーニッヒとのトラブルのあとである。だからこそ先の手紙で彼女はその執筆経緯について語っているのである。

ここでもまた「火の論文」同様、自分の作品の「公表」に関して、それが主体的になされたのではな

コラム11　ベルヌイ一族

デュ・シャトレ夫人が知己だったのはヨハン（II）・ベルヌイとダニエル（I）・ベルヌイだが、このベルヌイ家は多くの有名な数学者を輩出した家系である。主な数学者を示しておくと次のようになる。

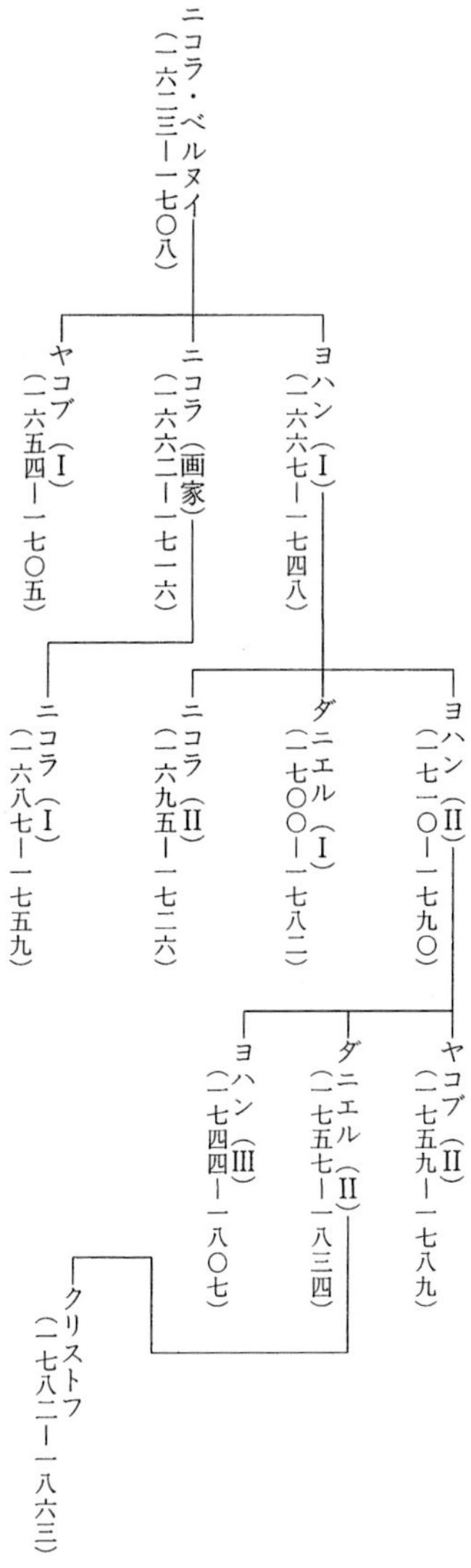

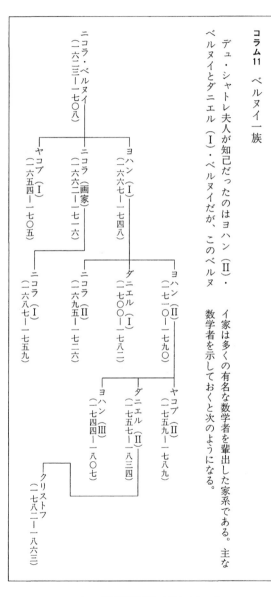

い、他人にすすめられたのだという言い訳が登場している。しかし実際の『教程』は系統だって構成されたかなりの量の本であり、これまた「息子のためにだけ」私的に書かれた本とは信じ難い。したがって『教程』に関しても、「公表したい」という願望がどこかにあって、それがジェンダーの規範に触れない形で（周囲の強いすすめを断り切れなくて、という形をとって）実現する機会を待っていたと考えてよいだろう。しかしはじめの原稿は「火の論文」同様の、秘密執筆ならではの欠点を抱えていた。モーペルテュイがシレー滞在のときに初稿を見て、数学の部分を直すように助言したと言われている。ともあれ、先の「火の論文」の修正に関するトラブルのこともあり、今度こそ自分の納得のいく形で出版したかったのであろう。エミリーはケーニッヒに期待していたのだ。

しかし期待は双方ともに裏切られる。ケーニッヒは着いて早々、シレーに落ち着く暇もなく、ベルギーのブリュッセルに連れて行かれることになる。デュ・シャトレ家の財産関係の訴訟のためにエミリーがそこに行かなければならないからである。もちろんヴォルテールも一緒だ。そこでデュ・シャトレ夫人が直面したのはケーニッヒの冷酷なまでの完全主義だった。彼女は「彼の高い要求水準についてゆけない」と旅先からモーペルテュイに嘆いた。たしかにデュ・シャトレ夫人は彼によってヴォルフ流のライプニッツ哲学を理解し、それに共感するに至ったのだから、当初はそれなりになんとかやっていたのだろうが、思想はともかく性格的にはこのふたりは合わなかった。そのうえエミリーは、学問的には生徒でも、身分としては侯爵夫人である自分が上だという態度を崩さないときている。ケーニッヒはおそらくもっと丁重に迎えられると思っていたのだろう。加えてライプニッツ嫌いのヴォルテールがいつも傍にいる。これで楽しいはずがない。きっかけは俸給の額だったが、結局のところ彼らの関係は壊れるべくして壊れたのだ。問題はケーニッヒの流した『教程』に関する噂だった。

デュ・シャトレ夫人を嫌っていたグラフィニィ夫人やデュ・デファン夫人、フリードリッヒ王子らが先頭に立ってこの噂を広め、「夫人はこの本の真の作者ではなく、内容を理解していない」という主旨のことを言いふらした。しかし『物理学教程』の数学をデュ・シャトレ夫人が理解できなかったというのはまったく根拠のない中傷である。これらの人びとこそが初歩的数学すら理解できなかったというのが事実である。要するに彼らにとってことの真偽などはどうでもよかったのだ。

エミリーはこの噂に傷つき、一時は出版をあきらめようかとまで考える。彼女はその間の心の揺れを、はじめに引用したベルヌイへの手紙のなかで次のように述べている。

> 私は自分の本をひっこめようかどうしようかと長い間悩みました。でもとうとうそれを発表することに決めました。と言いますのも、こんなふうに中傷されたあとでは、それをひっこめることにはいささかの利点もないし、それに印刷はもうほとんど終わっていましたので、いまさらやめるなどということはまず無理だったからです。〔…〕そうしてついに、本はまもなく日の目を見るでしょう。そのあかつきにはみんながその本は私のものだとわかることでしょう。(LC, N.241)

ケーニッヒが何と言おうと、彼に会ったことで本の形而上学的部分がどれほど変更されようが、デュ・シャトレ夫人にとってこれは「自分の本」だった。「書く」ことを決意し、そのための資料をそろえて原稿を書き、「公表」を決意し、なおかつデュ・シャトレ家の訴訟も含めて「侯爵夫人」としての責務を果たさなければならなかった年月のすべてがこの原稿に込められている。それは男学者ケーニッヒには、いや恋人のヴォルテールにすらけっして本当には理解し得ない心情だったろう。シャンボナン夫人に本の出版をすすめられたのと同じ年の一七三八年に、デュ・シャトレ夫人は自分の置かれている状況についてモーペルテュイに次のように語っている。

人生はあまりにも短く、責務やつまらないことで満ち満ちています。ひとたび家族をもち、家を構えたならなおさらそうです。だから私には、私のささやかな学問の計画からそれて、新しい本を読んだりするのはまず無理です。私は自分の無知や、そこから逃れようとしても、それらの試みを妨げるすべてのものにうんざりしているのです。もし私が男なら、貴方と一緒に〔モーペルテュイの別荘のある〕ヴァレリアン山に行って、そこに人生における役に立たないものをみんな埋めてしまうでしょうに。私は社交界を愛していたよりも激しく学問を愛しているのです。でもそれに気がつくのが遅すぎました。(LC, N.148. 強調は引用者による)

モーペルテュイへの嘆きにはいつでも多少の媚態が含まれているのでその分は差し引いて考えるとしても、ここにも『蜂の寓話』序文と同様の、社会による女性の抑圧に対するデュ・シャトレ夫人の怒りが見て取れる。ときにこのような絶望に陥りながらも書き続けた『物理学教程』は、内容だけでなく、書くプロセスそのものも「女の力」を公的に認めない社会への、ひとりの女性の挑戦なのだ。ここを踏まえたうえでないと、ケーニッヒに対する彼女の激しい怒りは理解できない。

そもそも秘密執筆しなければならない事情さえなかったら、デュ・シャトレ夫人が「ケーニッヒが来る前から本を書いていた」とベルヌイに弁解する必要すらないのだ。彼女の本のことが事前に社交界に知られていたら、ケーニッヒのうっぷんばらしも別の形をとっただろう。しかし、科学の本の出版どころか執筆さえもが「女らしさ」の規範を外れる行為であるとされたなかでは、エミリーにはケーニッヒのような男性知識人と同じ行動はとれない。この事件はまさに、この男女間の行動規範の差を突く形で引き起こされたものであり、それだけに彼女はケーニッヒが許せなかった。匿名で出版して偏見のない状態（要するに作者は男だとみなが思い込んでいる状態——『物理学教程』初版には作者の名前が記されていないが、息子に宛てた形式の序文では「私（je）」につけられている形容詞は男性形になっており、作者は男であることになっている）で判断してもらいたいという望みがついえた以上、ケーニッヒとの全面対決は避けられなかった。

とはいえ、デュ・シャトレ夫人はケーニッヒの貢献を完全に否定しているわけではない。『教程』の草稿研究からわかったことは、はじめこの本はニュートン主義を広める目的で書かれていたということだ。しかし出版された本では、形而上学的部分（彼女はそれこそが自然学の基礎だと主張する）は、ヴォルフ流のライプニッツ哲学の解説である。もちろんそれ以前でも、「火の論文」の正誤表問題から明らかなように、運動する物体の力に関しては一七三八年時点でライプニッツの説を支持している。ただ、形而上学部分の変更は明らかにケーニッヒの授業がもたらした結果である。そして彼女自身もそのことは当の『教程』序文で認めている。

それにケーニッヒはヴォルフでもライプニッツでもないのだから、この思想のオリジナリティは最初からどちらの側にもないのだ。こうして、さまざまな噂が飛び交うなか、エミリーは出版を敢行する。「自分自身が考える生き物であるという確信をもち始め」てから五年の歳月がたっていた。

2――『物理学教程』と活力論争

いよいよ『物理学教程』の内容に入っていこう。これは教科書なので、いわゆる科学的な内容に関してデュ・シャトレ夫人のオリジナリティがあるわけではない。それなのにこの本が文学史や科学史、哲学史などで取り上げられてきたことには理由がある。それはこれがフランスにはじめてライプニッツ哲学を紹介した本だったということと、それが原因で当時の科学アカデミー常任書記メランとデュ・シャトレ夫人の間に科学論争が起こったからである。ここではまず『物理学教程』について解説し、そのあとでシャトレ＝メラン論争とその意味について見ていこう。

デカルト、ニュートン、ライプニッツの間の平和協定

いままでの話を総合すると、『物理学教程』ははじめニュートン啓蒙のために計画され、のちに形而上学と活力の部分を、ヴォルフ式のライプニッツ理論啓蒙を目的として書き直された本、ということになる。しかしさまざまな研究者が言及しているように、そこにはデカルト主義の大きな影響がある。たとえば、デュ・シャトレ夫人はモナドや充足理由律など、ライプニッツ主義の用語を使いつつも、自然学者のなすべきことは、あらゆる現象の機械論的な原理だけを認めたうえで、すべての現象は機械的に説明することだと本の形而上学部分で主張している。この考え方はきわめてデカルト的である。彼女の神はニュートンのように絶えず干渉する存在ではない。ライプニッツにしたがって、この世界を可能な世界のなかで最良のものとしてはいるが、ライプニッツが唱えたような、全宇宙を生命に満ちたダイナミックな有機体と考えていたわけではない。たとえ本人が意識のうえでデカルト哲学を批判しようとも、デュ・シャトレ夫人は、その「女学者」的生活様式とともに、フランス十七世紀哲学の影響を大きく受けている。要するに彼女は観念論者なのだ。

そのこととも関係するが、デュ・シャトレ夫人は「党派精神」を徹底的に批判する。じつはライプニッツの形而上学に対しても「いまだあいまいな部分もある」と、手放しの評価はしていない。同時期の私信でも、ライプニッツ哲学は唯一自分を満足させてくれた思想だが、疑わしいところもあると書いて

いる。彼女はくり返し、重要なのは理論そのものであって、「作者がイギリス人、ドイツ人、フランス人か」などということは重要でないと強調する。これがニュートン、ライプニッツ、デカルトの象徴であることは明らかだ。とにかく「科学の純粋性、価値中立性」が『教程』ではひときわ強調されている。

こうして掲示される「党派精神の批判」がもたらす科学のイメージは「大勢の人びとによって共同で立てられる巨大建造物」というものだ。それはひとりの人間の力を超えたものであり「ある者どもが石を置き、別の者どもが翼全体を立てる」。しかし幾何学（数学）と観察（実験を含む）という方法でこの科学の基礎固めに尽くしたのは十七世紀の人びとであり、ほかの者は「この建物の見取り図を描いている。そして私自身はそのあとのほうの頭数に含まれる」（Du Châtelet, 1740, p.12）というのがデュ・シャトレ夫人の結論である。ここには巨人も英雄も存在しない。真に偉大なのは建物そのものだけである。これはニュートンを英雄視したヴォルテール的なニュートン主義者や、これを敵視したタイプのデカルト主義者との大きな違いである。エミリーは、それが誰のものであろうとも、自分が是とした理論を『教程』に盛り込んだ。その意味でも彼女を「〇〇主義者」と形容することはできない。

次に注目されるのは「形而上学の強調」である。エミリーはこれこそが科学の土台であるとして、デカルトの『哲学原理』（一六四四）同様、『教程』ではまず哲学、次に科学という構成をとっている（付録、資料1の目次参照）。第一章のタイトル「われわれの認識の諸原理について」は、デカルトの『哲学原理』第一部のタイトル「人間認識の諸原理について」に酷似している。内容的にはデカルトに反対しているが、形式は明らかに『哲学原理』を意識していると見てよいだろう。彼女は、正しい判断は十分な論理的根拠をもたなければならないというライプニッツの充足理由律こそが、この分野におけるわれわれの羅針盤だと主張する。

これは、「哲学」という言葉を表題に入れたにもかかわらず、いきなり科学理論から始まるヴォルテールの『ニュートン哲学要綱』(ただし初版)とはまったく趣を異にしている。その意味でもエミリーの方法はやはり「十七世紀的」である。ヴォルテールとの違いはそれだけではない。『物理学教程』には彼の好んだロック的要素はほとんどなく、デュ・シャトレ夫人は第三章ではっきりと、物質に思考という要素を与えたロックの方法は間違っていたと述べている。

ライプニッツ哲学の解説は「本人よりみごと」とヴォルテールが皮肉も込めて賞賛しているように、簡潔でわかりやすい。デュ・シャトレ夫人自身がこの思想のフランスにおける理解の低さを十分意識し

コラム12　ヴォルテールの『ニュートン哲学要綱』

本書では初版の形態のみを解説したが、じつはこの本は一般には改訂版の形で知られている。というのも、ヴォルテールはデュ・シャトレ夫人が『物理学教程』のなかでロックに対する批判をしたことから、『教程』の出た翌年に『ニュートン哲学要綱』を大幅に改訂したのである。そこでは初版と違って形而上学の章があらたに設けられており、しかも本の前半に来ている。これは『教程』と同じ形式であり、ここからも彼が恋人の本に大きな影響を受けたということがよくわかる。ヴォルテールはこののちも何度かこの本を改訂するが、つねにこの二度目の改訂の線にしたがって加筆している。

ていたし、ケーニッヒとの授業がそれなりに充実していたからでもあろう。しかし哲学部分で興味深いのは、むしろ一章を丸々割いている第四章の「仮説について」である。なぜならこれは他にはない『物理学教程』のオリジナルだからだ。ここでデュ・シャトレ夫人が強調しているのは「自然学の理論を打ち立てるに際して、仮説は必要である」と明言していることである。もちろんいったん証明されればそれは不要になるが、最初の段階では仮説抜きに研究することなど不可能だと主張した。現代の科学者ならこれをまっとうな意見だと感じるだろうが、時代背景を忘れてはならない。この章は「われは仮説をつくらず」というニュートンのモットーを金科玉条にしている当時のニュートン主義者に対する痛烈な批判なのだ。

実際「仮説」という言葉は、十八世紀全般の科学論争を通して、相手を揶揄する決めの言葉ともなった。つまりこの時代には、ニュートンが「仮説」に込めた意味を超えて、「仮説」とは排斥されるべき誤りと同義語になったのだ。われわれはのちに、ラヴワジエたちの科学論争のなかでもそれを見ることになるだろう。つまりデュ・シャトレ夫人が仮説擁護を公にしたことは、きわめて大胆な行為なのだ。

エミリーはここで仮説を擁護しつつも、本の後半で万有引力理論をはじめとするニュートンの代表的な説を紹介し、それをフランスに認めさせたモーペルテュイの北極圏探険についてもくわしく解説している。つまり彼女は、ニュートンのある理論を認めることと、ニュートンのセリフの細かい端々までを盲目的に信じることとは違うということをはっきりと示したのだ。ニュートン主義者批判については、第十六章「ニュートン主義者の引力について」で、ガリレオからケプラーに至り、ニュートンによって完成された引力現象の数学的説明は認めるものの、引力の原因についてのニュートン的解釈はおかしいと述べていることも、仮説擁護と同時に注目に値する。彼女にとっては、中世のスコラ学派やデカルト主義者の仮説濫用も認められないが、ニュートン主義者の主張もその反対の極にある愚行なのだ。仮説は正しく用いれば科学に有効であるとして、天文学における具体例をあげて仮説を擁護している。じつに彼女は、「引力という仮説」という表現を使うことすら辞さない。この第四章は当時の知識人によほど強い印象を与えたと見えて、のちにディドロとダランベールが編纂することになる、啓蒙時代を象徴する一大事業『百科全書』(一七五一―七二)の項目「仮説」で、『物理学教程』がコンディヤックの『体系論』(一七四九)と並んで参考文献に取り上げられている。

しかし科学的な部分でとくに注目すべきところは、何と言っても物体の力を解説した最終の第二十、二十一章である。ここはエミリーがライプニッツの活力支持を公にした部分で、この本のクライマックスでもある。第二十章で静止物体の力(死力)を述べ、第二十一章でその物体が運動したときにこの力がどのような形になるのかを微積分を使わないで解説している。それというのも、微積分を理解できる人が少数であることから、『教程』は幾何学と初歩的な算数のみですべての問題を説明しているのである。したがってこの部分は、当時の積分を使わない活力問題の説明例としても非常に興味深い。ここでは反対派も含めて、エミリーと同時代の学者たちの説も紹介し、力はあらわれた結果と一致するとして、それが物体の量と速さの二乗の積、つまり活力になることを証明している。これはわれわれから見ると運動エネルギーの倍($2\times mv^2/2$)ではないかと言いたくなるが、当時は質量と重量の定義の差が明確でなく、またベクトル概念がいまだ完成されていないので、速さと速度の区別があいまいになり、このような言葉遣いになるのである。これは北極圏探険の解説同様、当時の科学の最前線の話であり、ましてやいまだ決着のついていない問題なので、エミリーの活力支持は非常に挑戦的な態度と言ってよい。

以上から総合すると、『物理学教程』は、党派精神の持ち主に対しては戦闘的だが、これと対照的に理論そのものに関しては、当時としては珍しいデカルト、ニュートン、ライプニッツ理論のきわめて平和的な統合の試みと見なすことができよう。

抵抗の科学としての『物理学教程』

さて、今度はこの本をジェンダーと科学という観点から見たらどうなるだろうか。先にあげた特徴は、この観点からはどのように解釈できるだろう。

この本を開いてまず目に入るのはタイトルより先にある扉絵である（図6）。これは真理の女神のいる殿堂に向かうひとりの女性の後ろ姿を描いたもので、下にいる五人の女性たちはそれぞれ「植物学」「天文学」「自然学」「医学」「化学」を象徴している。枠上部に描かれた男性たちは左から、デカルト、ニュートン、コペルニクスである。学問や自由などの抽象的概念が若く美しい女性で表現されるのは、『百科全書』の扉絵（本書終章の扉絵）同様、よくある話だったが、主体となる現実味のある人物（ここでは中央に描かれている人物）が女性であることは珍しい。この初版は匿名で、一人称にかかる形容詞句を男性形にしていることから、作者は男性のふりをしている。しかしこの絵によって夫人は暗に自分の性別をほのめかしているとも考えられる。

次にタイトルと一緒に描かれているもうひとつの挿絵がある（図7）。これは親鳥がヒナに餌をやっ

図6 『物理学教程』初版の扉絵

ているもので、親が息子に語りかける形式をとった序文の象徴である。枠のなかにはラテン語で「子孫の者よ、精神において賞賛されよ。両眼を星々に向けて見上げよ」と書いてある。つまりこの餌はいわゆる食物ではなく、精神的な糧だということを示唆している。鳥はたいていはつがいで子育てをするので、この親鳥はオスでもいいのだが、やはり一般的には母鳥がヒナに餌をやっている図と解釈されるであろう。さらに序文のはじめのページにある、コンパスをもつ女性（デュ・シャトレ夫人は画家にコンパスをもった肖像画を描かせている（図2、第3章扉絵））と子供たちの絵も（図8）、序文の形式を考えるときわめて暗示的である。これらの絵もまた、本当の作者は女性であることを指し示していると見てよいのではなかろうか。

それにケーニッヒとのスキャンダルのせいで、この本のことは出版前にパリ社交界の知るところとなってしまった。となると実質「母（女）が息子（男）に語る」序文がついた科学の本を公にしたことは、ある意味でフォントネルの『対話』の向こうを張った作戦であり、当時の社会に対するジェンダー的な挑戦でもある。もちろんこの男女が親子という上下関係なので、いちおう社会に受け入れられやすい形にはしてある（ただし、第2章で述べたように、当時子供の教育権は父親の側にあるので、「母が息子に」という設定は現在のわれわれが考えるよりはずっと大胆な試みである）。しかし、女性作者というだけで（たとえ匿名でも）内容と関係なく「御婦人向き」などという言葉をタイトルに入れることさえあった時代背景を考えると、これは相当の冒険だと考えてよい。しかも『教程』の内容は、高等数学こそ使っていないが、当時の息子の年齢（十三歳）にあわせて書かれたものではない。ずっとレベルが高いのだ。じつはデュ・シャトレ夫人には当時十四歳になる娘もいたのだが、娘は無視されている。その態度自体は差別的だったが、皮肉なことに『教程』はそのおかげで、「語る女と聞く男」という逆転の構図がよりはっきりと打ち出されることになった。

こういうふうに見ていくと、先の部分で見た「党派精神の批判」「英雄の追放」はジェンダー的にも非常に興味深い特徴である。そもそも党派の親玉はつねに男なのだ。党員のほとんどもそうである。「英雄」はその名の通り男性形である。エミリーが彼らと自分を同一視することは難しい。『教程』誕生の過程で見てきたように、女であるデュ・シャトレ夫人は、どんな科学理論を支持しようが結局はこの世界の異端者なのだ。そこに真の意味で参加しようと望むならどうすればいいのか。彼女の強調する科学の価値中立性というイメージは、ほかの男たちがこれを強調する以上の意味をもつ。なぜなら、もし科学が男によってつくられるものとするならば、どこにも彼女の居場所がなくなってしまうではないか。だか

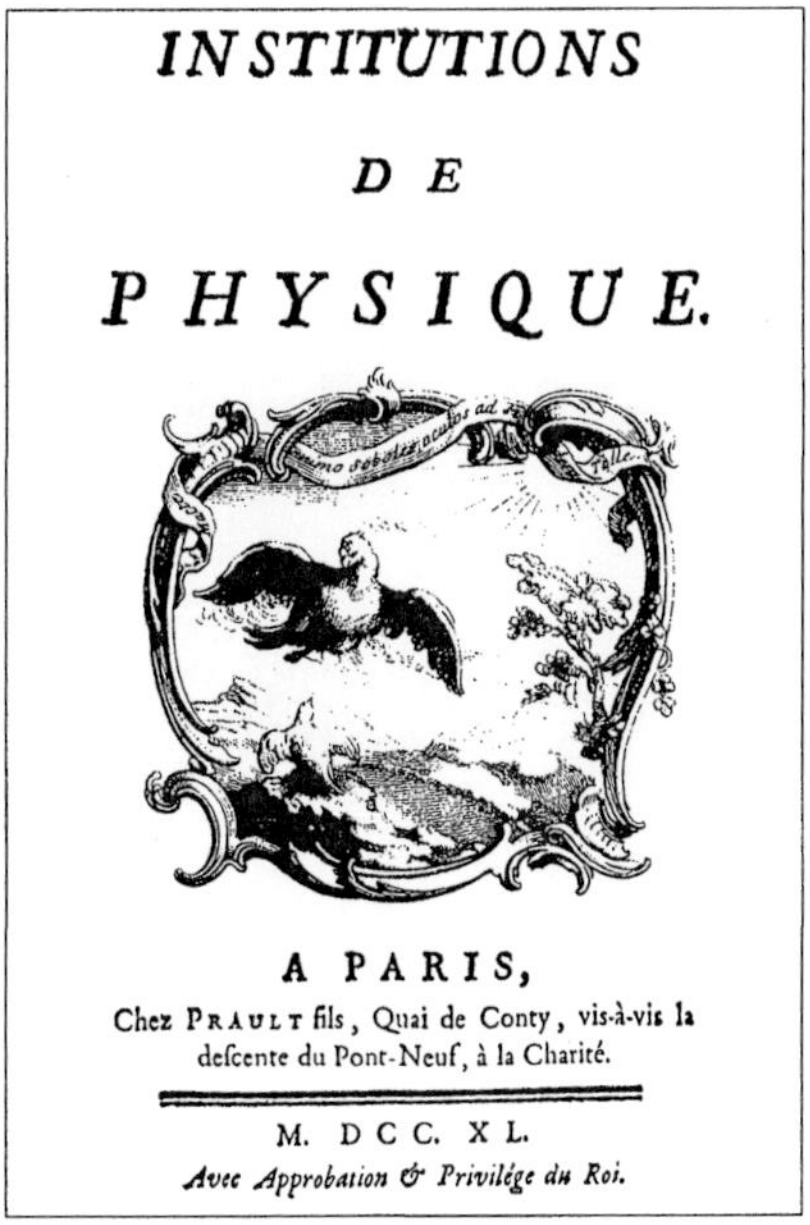
INSTITUTIONS
DE
PHYSIQUE.
A PARIS,
Chez PRAULT fils, Quai de Conty, vis-à-vis la descente du Pont-Neuf, à la Charité.
M. DCC. XL.
Avec Approbation & Privilége du Roi.

図7　『物理学教程』初版のタイトルページ（作者は匿名）

らこそ科学における個人の貢献をできるだけ部分的なものにすることで、科学が男の独占物であるという現状を見えないようにする必要がある。そうすれば「私」も自然学という建物を打ち立てる「そのあとのほうの頭数に含まれる」ことが可能となる。序文にあるこの文章はまさに、「私も参加者である」というエミリーの意志表明にほかならない。フォントネルが暗に自分たちエリート男性の側にとりのけておいた科学の「知」と「力」を、デュ・シャトレ夫人は自分の手中におさめようとしたのだ。

しかし、ここには「知は力なり」として科学の具体的な社会的貢献の可能性を示した、ベーコン的な意味での「力」はほとんど登場しない。たしかに「正確な時を刻む時計の製作」という話を紹介して科学の有用性を語る場面もあるのだが（これは当時の最先端技術の話題であった）、全体としてはエミリーにとっての科学研究の意義はきわめて観念的かつ個人的である。たとえば次の文章にはそのことがよくあらわれている。

> お前〔息子〕の精神を早くから思考することに、それ〔精神〕自身で自足することに慣れさせなくてはいけません。そうすればお前は、人生のいかなる時期においても、人が学問の内に見出す救いや慰めを感じることができるでしょう。そしてお前は、それが同時に快さや喜びさえも与えてくれるということがわかるでしょう。（Du Châtelet, 1740, p.2. 強調は引用者による）

これは息子の将来への危惧などではあり得ない。科学にまず「慰め」を見出す大人の男がどこにいるというのか。あるいは、のちに『幸福論』で次のように語るとき（彼女にとってのこの「学問」は「科学」に置き換えていいはずだ）、科学アカデミーが唱えた、具体的な人類の福祉をその一方の目的とするはずの科学のイメージはどこにもない。

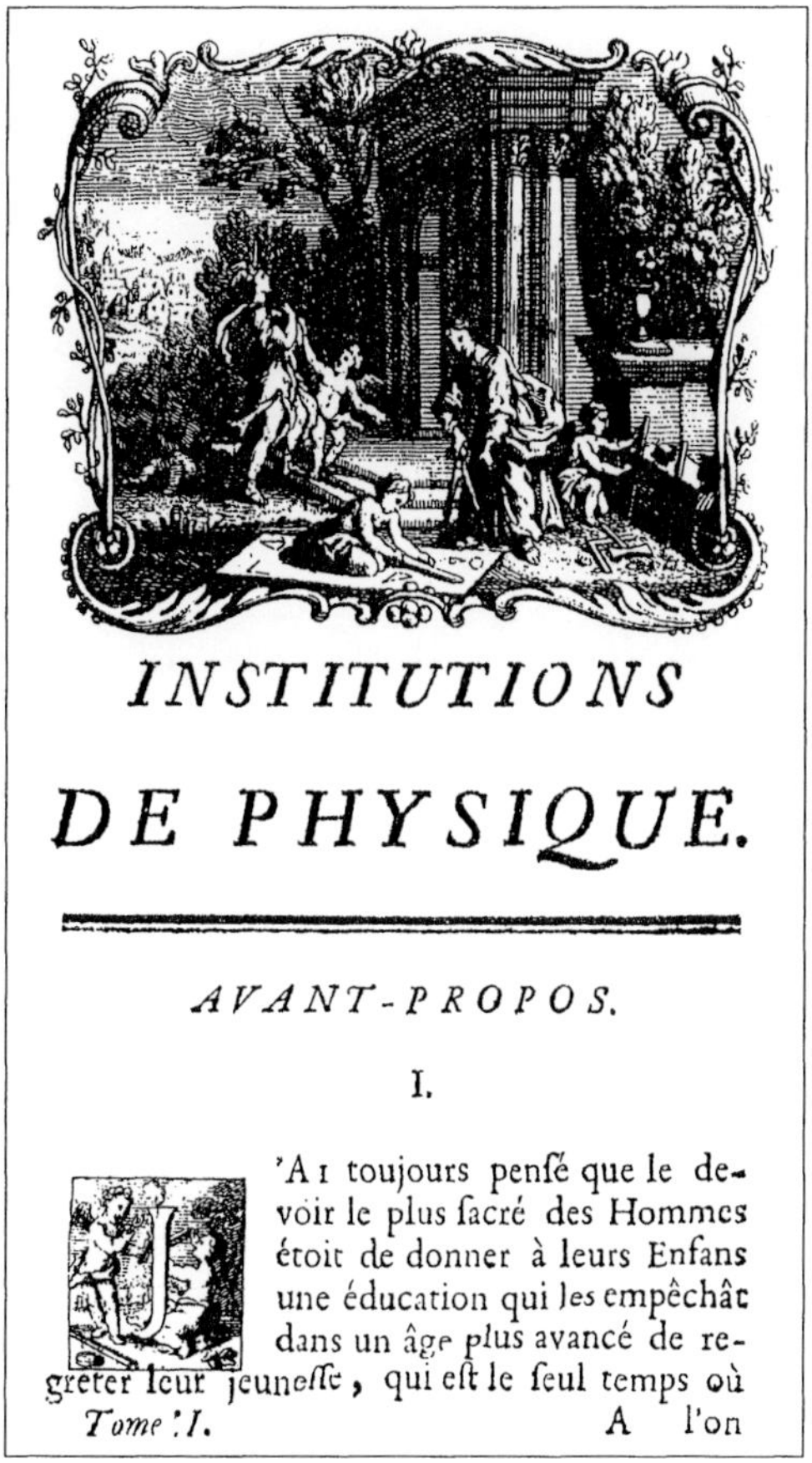

INSTITUTIONS

DE PHYSIQUE.

AVANT-PROPOS.

I.

J'AI toujours penſé que le devoir le plus ſacré des Hommes étoit de donner à leurs Enfans une éducation qui les empêchât dans un âge plus avancé de regreter leur jeuneſſe, qui eſt le ſeul temps où

Tome I. A l'on

図8 『物理学教程』初版の第1章の扉絵

この独立〔他人の思惑に依存しないという意味〕という理由から、学問への愛はあらゆる情熱のなかでもっとも幸福に貢献する情熱である。学問への愛のなかに、気高い心の持ち主ならばけっして完全には逃れられない情熱が秘められている。それは勝利への情熱である。世のなかの半分にとって、勝利を勝ち得るにはこの方法しかない。そしてまさにこの半分に対して教育がその方法を奪い、学問を愛することを不可能なものとしている。〔…〕女性はその状態によりあらゆる勝利から閉め出されている。そして、偶然にもそのなかにかなり気高い心の持ち主がいたならば、その女性という状態に課されているあらゆる疎外や依存からその女性を慰めるには学問しか残されてはいない。
(Du Châtelet, 1961, p.21. 強調は引用者による)

女性の職業選択の幅がきわめて限られていた当時、彼女たちにとって応用科学の重要性を実感するのは難しい。その点でデュ・シャトレ夫人の態度が古臭いのは偶然ではない。なぜなら女の生活の実態はその前の時代とたいして変わらなかったからである。

序文の最初に出てくる文章が「親による子供への教育の必要性」であることからもそれは明らかだ。エミリーはその理由を、本人が学問の必要性を感じても、大人になってからそれを身につけるのは至難の技だからとしている。これは彼女自身の苦い経験の告白にほかならない。たしかに十八世紀にはそれ以前よりも高い教養を身につけた女性が増加した。しかし男性知識人たちが科学のなかに見出した希望を共有するような知識と経験を手にすることは、この、例外的とも言える知的環境に育ったエミリーにとっても不可能だったのだ。

『物理学教程』は、ジェンダー的に見るならば、その形式も挿絵も含めて、科学は男だけのものではないと、あるいは女である自分も科学に参加する資格があるのだと公に示した著作であると言えよう。しかしその結果として、この本は当時の女性が近づき得なかった「力」、それこそが国家をして強力に科学を支援する理由となってゆくベーコン的な「力」を、己のものとして提示することはできなかったのである。

シャトレ＝メラン論争——科学アカデミーの常任書記と戦った女

『物理学教程』出版の数カ月後、一七四一年二月十八日付けでその本の作者に宛てた形の公開書簡が出版された。タイトルは「王立科学アカデミー常任書記ドゥ・メラン氏の＊＊＊夫人宛ての手紙——『物理学教程』において、夫人が活力の問題に関して氏になした反論に答えるもの」。作者はフォントネルの後任者である科学アカデミー常任書記メラン。ここで注意したいのは、このタイトルに『教程』の作者の性別が明記されていることである。初版は匿名で作者が男のふりをしていたが、ここで第三者、それも科学アカデミーの常任書記によって、この本の作者は女性であると公言されたのである。そしてこの手紙は史上初の女性と男性の間の対等な科学論争である活力論争、シャトレ＝メラン論争の始まりとなった。

先にも見たが、『物理学教程』の第二十一章「物体の力について」では、デュ・シャトレ夫人は運動する物体の力の測定基準として、ニュートンとデカルトがとった運動の量ではなく、ライプニッツの理論である活力を採用している。しかも彼女はここで「間違った理論」である運動の量説の典型的例として、これを支持するさまざまな論文をこきおろしたのである。そのなかのひとつにメランが一七二八年に科学アカデミーに発表した運動の量についての論文があった。

デュ・シャトレ夫人のこのあからさまな批判でメランの堪忍袋の緒が切れた。じつはすでに「火の論文」の正誤表をめぐって、エミリーとメランとの間にはひと悶着あったのである。彼女ははじめ「火の論文」でメランの論文を支持していたのだが、印刷時期には活力派になっていたので、その部分を削りたいと科学アカデミーに要求したのだった。メランにしてみれば不愉快な話である。このときは関係者が一緒に食事会をして対立がうやむやになったものの、運動の量派から活力派になったこの女性の存在は以来メランにとっては目障りなものだった。侯爵夫人とはいえ一介の女性が、科学アカデミー常任書記である自分の論文を一度ならず二度も批判したのである。ついに彼は社交界の紳士《オネットーム》としての礼儀をかなぐり捨てて、デュ・シャトレ夫人宛てに公開書簡を出したのである。そこには次のような嫌味な表現が満ち満ちている。

貴女が滞在なさってから、学問と芸術の住処となったシ***〔シレー〕は、貴女が私にあんなにも寛大に賞賛を授けてくださったすぐあとで、ライプニッツ学派の巣となり、もっとも著名な活力

> 派たちの集いの場所と成り果ててしまったのです。そこではまもなく別の言語が語られるようになり、モナドの傍らで、活力が玉座についているのです。(Mairan, 1741b, p.5)

科学界での社会的地位から考えると、このふたりの間にはとてつもなく大きな差が存在する。しかもメランは当時、文芸共和国の有名人でもあった。彼はこの論争の次の年にアカデミー・フランセーズの会員にも選出されている。

社交界は常任書記が一介の女性に対してとったこの激しい言動に驚きの目を見張る。しかし驚きはそれだけではない。というのもエミリーはすぐさまメラン宛ての反論の返事を書き上げ、一七四一年三月二十六日付けで、「***夫人の王立科学アカデミー常任書記ドゥ・メラン氏への返事——活力の問題に関して氏が一七四一年二月十八日に夫人に宛てた手紙への返事」というタイトルの手紙を、訴訟のために滞在していたブリュッセルから出版したからである。名は伏せられたが、もはや男のふりをする必要はなかった。彼女はアカデミーの常任書記に堂々と自分を主張することをためらわない。エミリーは次のようにメランに語りかけている。

> 貴方のお仕事がどんな形をとっていようとも、私はいつだってそれを大いに尊重することでしょう。ですから貴方が私に送ってくださった十二折り版〔小さい版〕の大きさの論文に対して私が抱いている感謝の念をお疑いになってはいけません。私は『物理学教程』を重要な本だと心の底から

思い始めました。それというのも、この本が原因で私がいまからそれにお返事しようとしている手紙〔メランの反論のこと〕と、貴方の論文の新しい版〔…〕が公になるという事態を引き起こしたのでそう思い始めたのです。(Du Châtelet, 1741c, p.1. 強調は引用者による)

おそらく、世紀の哲学論争であり最初の活力論争でもあったライプニッツ＝クラーク論争のことがエミリーの頭をかすめたに違いない。それだけではない。この行動には彼女の側に活力啓蒙だけにとどまらない明白な目的があった。それは先に述べた、ケーニッヒとのトラブル、『物理学教程』の「本当の著者」問題の解決である。デュ・シャトレ夫人はただケーニッヒの授業を書き写しただけで本の内容を理解していないなどという中傷さえあったのだ。もしもいま、彼女ひとりの力できちんとした返事を書きあげれば、みなが自分を『教程』の真の著者だと認めざるを得ないだろう。その点メランは、自分がケーニッヒと会う前から活力を支持していたことを知っている。論争の相手としては好都合である。デュ・シャトレ夫人はこの論争ができるだけ人目を引くこと、とりわけ科学アカデミーがそれに注目することを望んだ。

科学論争と文学表現と

科学的にはこの論争は完全な平行線をたどっただけで、ライプニッツ＝クラーク論争のような哲学的深みをもった議論には至らなかった。メランの主張は一七二八年時点の見解を一歩も超えず、批判としてはただ「デュ・シャトレ夫人は自分の論文をよく読んでいない」という主張をくり返すにとどまっている。形而上学的な問題に関しては、あえて述べなかった可能性が高い。彼は科学に哲学や宗教が入ってくるのを好まなかったのだ。反論がこうなのでデュ・シャトレ夫人も科学的な内容について反論するだけで、ふたりは互いに自分たちの主張の正当化をするにとどまった。

デュ・シャトレ夫人にとって、運動する物体の力はつねに「実現された結果と一致する」ものでなけ

コラム13　ライプニッツ＝クラーク論争

一七一五年から翌一六年のライプニッツの死までに両哲学者の間で五通ずつ、計十通の往復書簡の形で展開された哲学論争。この論争はその後、十八世紀の思想家たちによってもっとも頻繁に引用される文書のひとつとなった。クラークはニュートンの弟子であり、この論争では直接ニュートンの助言を受けて彼の代弁者として論争に臨んだ。ライプニッツとクラーク（ニュートン）の対立は哲学体系そのものの対立であり、これらの書簡には神学や形而上学から自然科学や科学方法論に至るまでの幅広い内容が語られている。ともにデカルトの機械論から出発し、スコラ哲学を批判したふたつの思想は、しかし結果としてお互いに相入れないことをここで天下に示したのである。したがって、運動する物体の力の測定に関する問題はこれらの多岐にわたる問題のひとつであり、また全体ともつながる問題であった。ともあれ、これが最初の活力論争であり、ここで運動する物体の力としてライプニッツは活力を、クラーク（ニュートン）は運動の量をあてることを主張して、両者は最後まで譲らなかったのである。（Leibniz, tom.9）

ればならなかった。つまり物体の進んだ距離、ばねの伸び、物体が打ち込まれた粘土の深さ、などがそれである。ここでは時間も方向も問題にされない。そしてこの力と一致するのは物体の量に速度の二乗を掛けたもの、つまり活力だけである。活力はどんな運動の前後でもつねに保存される。たとえ非弾性衝突（粘土を壁にぶつけるなど）で活力が減少したように見えるときでも、それは活力の一部が物体の微小部分の移動や凝集力の強化などに利用されたのであろうと結論している。これはライプニッツやヨハン・ベルヌイ（コラム11のヨハン（II）の父、ヨハン（I）に当たる人物）の立場とまったく同じで、彼女はとくに後者の論文を参考にしている。

他方メランはこれとは正反対の立場である。彼の方法はわれわれの眼から見ると少し変わっていて、加速・減速運動を等速度運動に還元してそれと比較して力について考えるという方法である。この方法を採用すると運動する物体の力の目安は通過（するはずだったのに）しなかった距離、伸びなかったばね、押しのけられなかった粘土、という、デュ・シャトレ夫人と正反対の結果になる。これを計算すると運動の量、つまり物体の量と速度の積になり、これも運動の前後で保存される。メランは侯爵夫人と違い、運動、運動にかかる時間にこだわった。

こうして侯爵夫人とメランとは最後まで折り合わなかった。ただし「貴女は私の論文をよく読んでいない」とくり返すメランの主張にも一理はあって、デュ・シャトレ夫人が批判している運動の量はデカルトの理論でありいわゆるスカラーで、方向を視野に入れていない。ところがメランの主張する運動の量では方向が重要な要素である。これはエミリーの理解が悪いというより、彼女はメランの主張のなかのマイナスの力というもの自体を認めないという立場の違いからくる。活力には大きさしかなく方向は重要ではないから、これの対抗理論として運動の量を考えるならば大きさだけを考えるべきだと思ったのであろう。現代の読者から見れば、デュ・シャトレ夫人が批判しているものは $\boldsymbol{mv}$ でメランが支持しているものはそれに方向を加味したベクトル量 $\boldsymbol{mv}$ のように見えるであろう。ただしベクトルという概念が出てきたのはこれよりのちのことであるし、質量と重量の差についても、当時ははっきりした区別がなかったので、現代風の記号で書いてしまうと当時の概念の正確な理解からは多少ずれることに注意する必要がある。

　このマイナス記号に関しては、デュ・シャトレ夫人は「この小さな棒」という表現を用いて、正面衝突して跳ね返る前後での弾性体の運動の量の保存を主張するメランを徹底的にからかう。実際、エスプリに満ちた言葉の応酬としては、この活力論争はきわめてフランス的であり社交界の注目を集めた。なんとイエズス会《ジェズイット》の著名な啓蒙誌である『ジュルナル・ド・トレヴー』(以下『トレヴー』とも記す)がこの論争を取り上げたのだ。科学アカデミーの影響を強く受けている『ジュルナル・デ・サヴァン』が沈黙を守ったのに対して、『トレヴー』は長々とふたりの文章を引用して、科学的というより文学的な見地からこの論争に判定を下した。

　これは一見奇妙なことに見えるかもしれない。しかしこの時代のフランスでは、分野が何であれ、「言葉」というものに人びとがどれほど重きを置いたかということはいくら強調しても強調しすぎることはない。だからこそフォントネルはあれほどのスターとして歓迎されたのである。そしてイエズス会の雑誌は、メランの文章を誉めることなくデュ・シャトレ夫人の表現だけを誉めることによって、文学的勝利は夫人にありと宣言したのである。

これはメランにとって屈辱だった。フォントネルのあとを継いだばかりのこの常任書記は、何かといえばその文章を前任者と比べられ、つねにコンプレックスに苛まれていたからである。『トレヴー』の次のような表現は、それ自体がフランスならではの価値観に基づいていると言えるだろう。

> デュ・シャトレ侯爵夫人は推論には推論をもって、エスプリのある表現にはエスプリのある応答でもって、礼儀には礼儀で、いかなることにも反論せずにはすませていない。それに、この、ちょっとした利発な表現を語らずに何事もすますということがない。これ〔ちょっとした利発な表現〕は「フランス的表現」と呼ばれるものだ。なぜならそれは、礼節のいかなる言いまわしにも逆らわず、ほのめかしだけで理解するような読者のために書く、機知に富んだ礼儀正しい人の話を引き立てる表現であり、われわれの慣習やしきたりと完璧に調和しているからだ。（*Trévoux*, pp.1390–1391）

エレガンスはなぜ賞賛されたのか

エミリーはいちおうは満足する。科学アカデミーの常任書記と争い、それが話題にされたうえ、社交界での彼女の勝利が決まったからだ。しかし完全には満たされない。学問的な決着がついていないからだ。科学アカデミーは沈黙し、メランはさらなる反論をあきらめた。彼女は科学アカデミーの態度を卑怯だとなじったが、メランの友人だったヴォルテールはほっとする。彼は恋人と友人が争っていることで精神的に参っていたのだ。詩人はこの間、表向きは書評などでデュ・シャトレ夫人の手紙を誉めつつも、私信では、活力論争は言葉の論争なのだから神学者にでもまかせておけばいいのにと友人たちにぐちをこぼしていた。そう、じつにデュ・シャトレ夫人はブリュッセルでのやっかいな訴訟事件に助力を惜しまない恋人（この訴訟はエミリーの死後、ヴォルテールのおかげでやっと解決した）の、この論争での微妙な立場にもとんちゃくしなかったのだ。かつてメスレー懸賞で「彼が落選してもしも私が受賞したら」と悩んだ「女らしい」弱気はもはやここには存在しない。「火の論文」と『物理学教程』の出版という経験はたしかに彼女を変えたのだ。これ以降「科学作品の出版」に関しては、エミリーのなかにいかなるためらいも見られない。

この論争に関してデュ・シャトレ夫人は友人たちへの手紙のなかでかなり率直に自分の意見を述べている。「そりゃあ私はアカデミーの書記ではありませんわ。でも私は正しいのです。これはあらゆる称号に値するのです」（LC, N.269）とか「このメランという人物は、名声というものがいかにいいかげんかということの証拠のような人物です」（LC, N.274）という彼女の言い分には、自分は活力を理解し、科学アカデミーの常任書記に対してたったひとりで堂々と活力論争をやってのけたという自負と同時に、その地位や名声に対する羨望の念が見て取れる。だからこそ『トレヴー』はその記事のなかで、メランを定義するにあたって「今後自分もその仲間の内に数えられる光栄に浴したいと、デュ・シャトレ侯爵夫人が願っているような」（*Trévoux*, p.1401）学者のひとり、と形容しているのである。本人がときに何と言おうと、「科学アカデミーに公的に認められたい」というエミリーの願いは傍目にも明らかだった。しかし本書のはじめでも述べたが、この組織はどういう形であっても女を正式に迎える日は来ないのだ。フォントネルが引いてくれた枠組のなかで科学を味わう分にはたいした批判は受けない。それどころか、文芸共和国では賞賛されるほうが多いだろう。しかしひとたび参加者たらんと望んだとき、女性は自分たちが置かれた立場の矛盾に苦しむことになる。この時代、「科学」と「女性」はどうしても真の意味では結合しない。そして『トレヴー』が彼女の賞賛に使う表現はこのことを雄弁に物語っている。

じつはこの雑誌が一番絶賛した部分は、デュ・シャトレ夫人による次のような譬え話だった。要約すると、手元に四万フランある人は、一万フランのダイヤモンドを四つ買うには十分であるが、この同じ金額で同じダイヤを六つ買えないのは明白である。デュ・シャトレ夫人はメランに「貴方は、この人は（ダイヤを四つ買った時点では）二万しかもっていなかった。なぜなら買っていないふたつのダイヤは二万にしかならないから。そしてこの買っていないふたつのダイヤがその人の使い切るお金であり、所持金を測る尺度となり、その人の買った四つのダイヤではないということを受け入れるのでしょうか」（Du Châtelet, 1741c, p.13）と問いかける。つまりこれはそのすぐあとに述べられるメランへの批判、投げ上げ運動における力が「進まなかった距離」によって測られることのこっけいさに対する痛烈な皮肉《イロニー》である。デュ・シャトレ夫人は活力派であるから当然、等減速上昇運動する物体の力はその物体の上昇距離に比例すると考える立場である。なぜこの部分がそんなに賞賛に値するのだろう。おそらく運動する物体の力をダイヤに譬えるこの表現は、記事の作者にはきわめて「女らしい」発想で、論争に彩りを添えるものと映ったからだろう。先に引用した、デュ・シャトレ夫人が偉大な学者らと同列に扱われたいと思っているといった文章のすぐあとに、『トレヴー』がわざわざ次のような一文を続けていることからも、このことは明らかである。

> その性の愛らしいエレガンスのただなかにあったとしても、彼女が示し、その話題に熟練した者として応答している論理において、彼女はその論理の筋道をまったく見失っていない。(*Trévoux*, p. 1401)

なんという意味深長な表現だろう。この一文によって『トレヴー』はデュ・シャトレ夫人の論争の仕方や推論の立て方は、「女性性」と相容れないと考えていることを暴露してしまう。結局、「火の論文」で出てきたジェンダー問題——筋道立てて論争することは男の領域という考え方——がここでもくり返されるのだ。

シャトレ=メラン論争はたしかにデュ・シャトレ夫人を有名にし、『物理学教程』を広く文芸共和国に認めさせるのに一役買った。彼女自身がメランに向かって発したせりふ「〔貴方のおかげで〕私は『物理学教程』を重要な本だと心の底から思い始めました」は現実のものとなった。これ以降、盗作の噂は下火になり、彼女は翌年の一七四二年にこの往復書簡を追加した『物理学教程』第二版をアムステルダムから出版している。第一版と第二版は追加部分を除けば内容的に大差はないが、第一版での細かい間違いに対するクレローの指摘を取り入れて、科学的にはより精緻なものになっている。ちなみにこれに関してクレローからデュ・シャトレ夫人に宛てられた手紙は、ひとりの科学研究者が、もうひとりの科学研究者に宛てた率直な手紙である。おそらく『教程』という下地があったからこそ、のちにこの数学者は多くの時間を割いて彼女の『プリンキピア』翻訳、注釈を支援することになったのだ。

しかしこの第二版にはジェンダー的には重要な修正が加えられた。ここでは作者名が明記されていて（図9）、序文の一人称をかざる形容詞は女性形に書き換えられている。さらに象徴的な扉絵は侯爵夫人自身の肖像画（図10）と入れ換えられている。もう男のふりをする必要はなくなったのだ。この版は初版以上に注目され、一七四三年に相次いでイタリア語訳とドイツ語訳が出版されている。しかもイタリア語訳にはメランの運動の量の論文もともにおさめられている。だからこれは当時としてはまずまず成功した本だと言っていい。彼女自身が語ったように、科学アカデミー常任書記との論争は名誉だった。しかしこの論争に対する周囲の反応は同時に、「麗しき性」に属するデュ・シャトレ夫人の立場の、科学の世界における複雑さを浮き彫りにしている。科学アカデミー会員と対等に科学論争のできるデュ・シャトレ夫人は名誉白人ならぬ「名誉男性」として扱われ、同時にほかの女性同様「その性の愛らしいエレガンス」も要求され続けるだろう。

3——『物理学教程』から『プリンキピア』へ

さてこのあと、侯爵夫人はどのような科学的活動を続けたのだろう。シャトレ＝メラン論争からニュートンの『プリンキピア』の注釈つき翻訳という大作にとりかかるまでの間、彼女は科学アカデミーの懸賞論文と、シャトレ＝メラン往復書簡を組み合わせて一冊の本にし、『火の論文』（一七四四）というタイトルで出版している。かつて科学アカデミーの雑誌にこの論文が載るとき、正誤表以上の修正が認められなかったので、自分の納得できる形にして再出版したいと考えたのだろう。

　この二作品を一冊にまとめたという事実は、ふたつの観点から非常に興味深い。まず純粋に科学的な内容から考

INSTITUTIONS
PHYSIQUES
DE MADAME LA MARQUISE
DU CHASTELLET
adressées à Mr. son Fils.
Nouvelle Edition, corrigée & augmentée, considerablement par l'Auteur.
TOME PREMIER.

A AMSTERDAM,
AUX DEPENS DE LA COMPAGNIE.
M DCC XLII.

図 9　『物理学教程』第 2 版のタイトルページ（作者名が明記されている）

えると、彼女は自分が活力派の立場をとっているということを、この時点でもあらためて公言していることになる。ここで例の俗説「ヴォルテールに出会ってニュートン主義に目覚め、ケーニッヒに影響されてライプニッツ主義に傾倒して『物理学教程』を執筆し、再びニュートン主義に戻って『プリンキピア』を翻訳した」の後半部分も正しくないことが証明される。というのも次の作品であるニュートンの『プリンキピア』の仏訳は、『火の論文』の出版年以前に計画されているからだ。『プリンキピア』の仏訳、注釈の開始時期について特定は難しいが、一七四五年十一月十二日に、実験科学の教師兼聖職者であるイタリア人ジャキエール師にニュートンの翻訳をしている旨を書き送っているし、同年十二月十七日にはやはり彼に、印刷はまだ始まっていないが、図版を彫らせていると書いている。したがって『プリンキピア』の分量と、当時夫人が社交界や息子の就職、娘の縁談などに割かざるを得なかった膨大な時間を考えると、一七四四年には最低でも翻訳計画はあったはずである。ここからも、彼女のなかで活力派であることと、ニュートンの本を訳したいと考えることが矛盾していないのは明らかである。じつにデュ・シャトレ夫人は、一七四六年になっても、自分はモナドに賛成している旨の手紙を書いているのだから。

もうひとつ興味深いことは、この両作品がどちらも科学アカデミーと関わっているということだ。女であるエミリーは会員にはなれない。それでも、「観客」ではなく、「参加者」になりたかった彼女にとっては、このふたつの作品は当時としてはどんな勲章にも匹敵する科学アカデミーへの「参加」の証拠ではなかったろうか。じつにメランへの返信は、オリジナルの一七四一年版を入れると、一七四二年の

『物理学教程』第二版、一七四四年のこの本と、自ら三度も印刷させている。この事実は彼女にとってこの論争がどれほど重要であったかを雄弁に物語っている。

さらに往復書簡の部分にはジェンダーの視点から見て重要なことがらがある。じつはデュ・シャトレ

C'est ainsi que la Verité
Pour mïeux établir sa puissance,
A pris les traits de la bauté,
Et les graces de l'Eloquence.

図 10 『物理学教程』第 2 版の扉絵

夫人はこの度の再々印刷にあたって、自分の分を「火の論文」同様多少改変している。論争の手紙を書き換えるなどというのは現代の感覚からすれば不誠実な態度であろうが、エミリーのこの間の心境の変化を知るためには貴重な史料である。なんと彼女は『トレヴー』が誉めた、例のダイヤモンドの話をばっさり削っているのだ。これは社会が科学論争のなかでまで女性に要求してくる「女らしさ」に対する、彼女の無言の抵抗と言わずしてなんとしよう。エミリーはあくまで自分の作品を科学的な内容で判断してほしかったのであろう。

その点ではニュートンの仏訳は理想的な計画だった。『プリンキピア』はこの頃にはもはや評価の定まった本であり、なおかつフランスではこの長く難解なラテン語作品を直接読むことのできる人間はどんどん減りつつある。エミリーは考えていたはずだ。これをきちんと仕上げることができれば、祖国においてて自分の名はニュートンの名声のある限り不滅だろう、と。というのも、この翻訳に打ち込んでいるとジャキエール師に書き送った一七四七年頃に書かれたと推定される『幸福論』で、デュ・シャトレ夫人はさかんに後世の評価を問題にしているからである。彼女は「同時代人より公正でさえある後世の賞賛」を求めない栄光への愛などなく、「自分がいなくなってからも自分のことを話題にさせたい」(Du Châtelet, 1961, p.22) 欲望は万人のものであると書いている。このような具体的な空想をはげみに、エミリーは侯爵夫人としての忙しい責務の間をぬってニュートンの翻訳作業をしていたに違いないのだ。

愛の終わりと『プリンキピア』仏訳計画

ここでいままで何回か引用したデュ・シャトレ夫人の『幸福論』について少しだけ解説したい。これは『プリンキピア』仏訳同様、死後出版された。しかし翻訳はやむなくそうなったのにひきかえ、『幸

コラム14　成功と不成功――『物理学教程』は売れたのか？

『物理学教程』の成功と不成功という問題をめぐって、現代の研究者たちによる評価がふたつに分かれている。十八世紀に書かれた教科書的な科学書という視点でなら、第二版が出て（第一版はイギリスとオランダでも出版）、その翻訳が多数出たならこれは通常まずまず成功したほうに分類していいだろう。もちろんロオーの本に比べれば、その成功の程度に差があるのは事実である。ところが『教程』をフォントネルの『対話』やヴォルテールの『要綱』の売れ方と比較して不成功の本と評価する研究者がいる。しかしこの主張はおかしい。後二者はジャーナリスティックな色彩の強い啓蒙書であり、作者の本当の狙いは政治的なものである。これらを商業的な視点で比較することは、たとえばニュートンの『プリンキピア』と、その啓蒙書の売れ行きを比較するようなものである。

ここには重大なジェンダー問題が存在する。『教程』が狙った読者、そのレベル、作者の意図に注目することなく、この本を（その類似書ではなく）身近にいる有名な男の本と安易に比較するこの態度こそ、デュ・シャトレ夫人が男のふりをして戦わなければならなかった「偏見」であり、現在を生きるわれわれの問題でもある。

福論』に明確な出版の意図があった気配はない。これはどちらかというと自分自身の癒しのために書かれた作品である。この時期にデュ・シャトレ夫人の精神生活は大きな転機を迎えていた。それはヴォルテールとの愛の終わりである。自分を称え、熱愛し、支えてくれた男の情熱はもはや過去のものになっていた。最初のライヴァルは、あの女嫌いのプロシア王フリードリッヒ二世である。かつて男でない貴族と貴族でない男の才人という、ともに社会の頂点に立つ資格を欠いていたがゆえに惹きつけられたこのカップルの条件は、ふたりの求めるものを分かつ原因にもなった。どうしてヴォルテールにフランスかぶれの啓蒙専制君主が送ってくる熱烈な賞賛が拒めよう。それは若き日の、貴族でないために受けた屈辱をおぎなって余りある栄光である。彼は国王のために恋人を捨ててプロシアに去ったりはしなかったが、暗にそれをうながすフリードリッヒの手紙にまったく心を動かされなかったわけではない。

ヴォルテールのなかでのフリードリッヒの存在が大きくなるにつれて、エミリーのあせりは増していった。しかしふたりの愛を決定的に終わらせたのは国王ではない。ヴォルテールのもうひとつの弱み、家族の愛に恵まれなかった彼に肉親の情愛というものを感じさせてくれる、姪で未亡人になったばかりのドゥニ夫人だった。一七四五年までにはこの叔父と姪は完全に恋人同士になっていた。そしてデュ・シャトレ夫人の位置は「フランス第一の詩人の恋人」から「フランス第一の詩人の第一の女友だち」へと変化していた。というのも、ドゥニ夫人ではヴォルテールの知的な会話の対等な話し相手にはならなかったし、友人としてのエミリーは最後までヴォルテールにとって重要な存在だったからだ。

デュ・シャトレ夫人は傷ついた。それはいまだ彼女がヴォルテールを熱愛していたからというより、彼女のなかにつねにある「激しく愛し、愛されたい」という情熱のはけ口がなくなってしまったことに起因していると言ったほうがいいだろう。いみじくも『幸福論』で述べているように「愛する喜びや、愛されているという幻想」がどうしても彼女には必要だった。にもかかわらず、それがなくなってしまったのだ。この心の隙間を埋めるために、彼女は人が幸福になる条件についてさまざまに考察したのである。幸福論を書くことは当時の流行であったが、それはあくまで一般論として「客観的に」語るもので、エミリーの作品は当時の風潮とは趣を異にする。彼女は自分自身の人生を振り返り、自分にとっての幸福とは何かという問題から離れることなく、幸福を成立させる条件について語ったのである。曰く、幻想を抱く力をもち、偏見をもたず、高潔で、健康で、情熱や意欲をもつこと。とくに情熱は彼女にとって重要な要素だった。しかしいまや恋愛における情熱は枯渇していた。だからせめて他人に依存しなくてすむ学問への情熱で自分を満たそうとしたのである。じつにニュートンの翻訳はこのような精神状態のなかで企画されたものだった。

こうして一七四七年七月一日には、「(『プリンキピア』)第一巻はほとんど印刷できました」(LC, N. 361) とジャキエール師に報告するまでになっていた。しかし仏訳よりはるかに困難な注釈が残っている。ただしこの注釈(本全体の三分の一の分量に当たる)は『プリンキピア』全部の注釈ではない。第三巻の「世界体系について」と、万有引力がもたらす地球の形状、潮の干満など第一巻のいくつかの項目についてのみ、十八世紀の読者にわかりやすいように代数的に解説したものである。なかには潮の干満の項のように、ダニエル・ベルヌイ(コラム11の(I))の論文の要約といった部分もあるが、大部分は

『プリンキピア』の解説書などを参考に、あらたに構成されたものである。この部分に関して彼女はクレローに協力を求めた。じつにこの数学者は、でき得る限り彼女のために時間を割き、内容について議論し、彼女の計算の不確実な部分をチェックした。

注釈がほとんど終わりかけの頃の、このふたりの共同作業について、ヴォルテールの秘書ロンシャンが「この作業はそうとう時間を食うものだった。クレロー氏は毎日やって来た。彼は彼女〔デュ・シャトレ夫人〕と一緒に二階〔日本式の三階〕にあるアパルトマンに上がっていき、ふたりは誰にも邪魔されないようにそこに閉じこもった。ふたりはそこで一日のかなりの部分を過ごした。そして夜はたいてい一階のヴォルテール氏のところで一緒に食事をとるのが常だった」(Longchamp & Wagnière, II, pp.175-176) と書き残している。しかし計算が佳境になるとヴォルテールがのけ者にされて食事が冷めてしまうこともあったという。

クレローの関わった部分を彼女のものから分けるのは不可能だが、ひとつだけ確実なのは、デュ・シャトレ夫人はいまや解析学を完全に身につけていたということである。というのも注釈の計算を全部自分でやるほどクレローは暇ではなかったろうし、夫人も手紙で、もっとクレローと一緒にいる時間がとれればいいのにとか、自分はいま家に閉じこもって計算ばかりしていると方々に書き送っているからだ。誰もがその才能を認める数学者クレローは、その存在そのものが、彼女にとって安心を与えてくれたのだろう。ともあれ、かつてモーペルテュイに「代数の長いフレーズがわかりません」と嘆いたエミリーはもはや存在しない。

そのうえこの仕事の最中にすばらしいニュースがエミリーのもとに舞い込んできた。一七四六年、ボローニャ科学アカデミーが彼女を会員に選出したのである。これは大いに名誉なことである。自分の仕事が外国のアカデミー会員という形で国際的に認められたのだから。情熱的な愛には飢えていたエミリーだったが、名誉は着実に自分のものになりつつあった。ニュートンの本はそれをさらに確かなものにしてくれるだろう。

デュ・シャトレ夫人はこの本が出版され、賞賛される喜びを味わう予定だった。しかし運命は彼女に

コラム15　ロンシャンの回想録

ヴォルテールの秘書だったロンシャンは主人の死後に回想録を書き、本は十九世紀になってから出版された。これは十八世紀の知的な上流社会を知る貴重な史料だが、細かい点では信用のおけない部分が多々ある。たとえば本書との関係では、クレローがデュ・シャトレ夫人の『プリンキピア』注釈を手伝っていた時期をロンシャンは一七四八年としているが、エミリーの手紙ではそれは翌年の話である。彼女の最後の妊娠に関しても、回想録によればデュ・シャトレ氏は妻とヴォルテール、サン・ランベールに騙されて久しぶりに彼女と関係し、それを自分の子供と思い込んでいたことになっている。もしこれが事実なら、デュ・シャトレ夫人はいつわりの出産予定日に向けて準備しなければならない。ところが手紙から見る限り、彼女は周囲の人に本当の出産予定をきちんと知らせ、準備しているのだ。夫が本当に騙されていたとは考えられない。

しかし問題はロンシャンにではなく、後の研究者の態度にある。彼らの多くは当事者たちの証言よりもロンシャンの言い分を信じてきたのである。面白おかしい話ほど要注意と言うべきであろう。

それを許さなかった。かわりに運命が夫人に与えたのは、死に至るまでの、狂気とも言える恋の至福と苦悩だった。

炎の恋と「わたしの」ニュートン

一七四八年二月、デュ・シャトレ夫人とヴォルテールのカップルはフランス王妃の父であるポーランド王スタニスワフの招待で、ロレーヌ公国のリュネヴィル宮殿に招かれた。この時期にはふたりの関係は恋愛から友情へと変化していたとはいえ、周囲からは相変わらず「哲学的恋人たち」と見なされていた。パリから遠く離れたリュネヴィルにあっては、このような著名人の訪問は社交界の大ニュースである。少しでも文芸に野心のある者ならば、ふたりの知遇を得たいと願うのは自然の成り行きだった。そのような人びとのなかに、軍人でもあるひとりの青年詩人、サン・ランベール侯爵がいた。デュ・シャトレ夫人はこのとき四十一歳、十歳年下の美貌の青年は、彼女にとってここ数年来求め続けていた激しい恋愛への飢えをかなえてくれる救い主に見えたのであろうか。

少なくとも当初はサン・ランベールのほうもこの恋愛に喜びを感じていた。デュ・シャトレ夫人は魅力的で、彼ら若手詩人にとって神様のようなヴォルテールの恋人であり、自らも著名な女性知識人である。彼女の自分への関心は彼の自尊心をくすぐった。しかも彼はこのとき、スタニスワフの愛人であるブフレール夫人と恋愛関係にあったのだが、彼女の心が離れかけていた。だからこの恋愛でブフレール夫人を挑発したいとも思っていた。エミリーとサン・ランベールはヴォルテールの目を盗んで秘密の手紙を日に何度も交わし合い、密会を重ねていた。最初はそれはふたりにとってスリルのあるゲームのようなものだったかもしれない。しかしサン・ランベールを任地に残し、シレーを経てパリに戻った彼女にとって、すぐ傍にいない恋人はかえってより激しい恋心をかきたてる存在になる。ゲームの時期は終わったのだ。そしていつものストレートに恋人を追いかけるエミリーが登場する。かけひきができる冷静さはとうに失われていた。が同時に彼女は、この間中断されていた注釈、つまりすぐ傍にある未完の原稿にも心をかき乱された。再び恋人に会えるまでの間にこの仕事を少しでも進めておこうとするのだが、注釈に必要な精神の集中はなかなか得られなかった。彼女がこの中断を非常に気にしていたのは明らかで、『プリンキピア』の意義のことなど全然わからない恋人に向かって次のように書き送っている。

私は自分の用事をみんなほったらかしにしています、私の本もそうです。この本のことを貴方が「まるで重大事件のようだ」と見なしているのは、きっととても正しい見方に違いないのです。というのも、これは私にとって、まだまだどうしても必要不可欠なことだからです。この本はもう二年もの間待たれており、予告されていて、噂になっています。私の評判はこれにかかっているのです。まさしくそれにとりかかることだけが必要でした。でもいまはそれを終えることが、それもきちんと成し遂げることが絶対に必要です。それは、残りの部分を仕上げるにあたって、最大級の精神の集中と勤勉さを必要とするような仕事なのです。(LA, N.22)

ここには重大なことがらが含まれている。というのもここから、残念にもほとんど処分されてしまったサン・ランベールからの手紙と、欠けているエミリーの手紙、ふたりの間に直接交わされた会話の一端が見えてくるからだ。上の引用は残っているサン・ランベール宛ての手紙のなかで、ニュートンについてはじめてデュ・シャトレ夫人が長々と語っている部分である。明らかにこれ以前に何度もニュートンの翻訳がふたりの間で話題になっていたことがわかる。しかも彼女はサン・ランベールに向かって、それを「まるで重大事件のように」語っていたのだ。いかなるときにも翻訳のことは彼女の脳裏を離れなかった。さらにこれは相手の愛情に確信がもてない人物が、相手の気を惹こうとして書いた手紙のなかの文章であることを忘れてはならない。「貴方のために私のニュートンが手につかない」的な表現はこの先もひんぱんに出てくるが、これは裏を返せば、そう書くことでどれほどの犠牲をこの愛が自分に強いているのかをサン・ランベールにわからせようとしたエミリーの愛の告白でもある。かつて科学アカデミーより貴方の判断のほうが重要とモーペルテュイに語ったのと同じように、注釈の仕事が犠牲にされていることを彼女がしつこく強調していることはそのまま、この仕事の意義を強調しているのと同義である。だからこそ、サン・ランベールの側の「まるで重大事件のようだ」という皮肉なコメントがでてくるのである。もっとも効果という点では、ニュートンを理解しない青年にこれを強調してもあまり意味はないのだが、それでもなおニュートンについて書かずにはいられなかったことこそが、この作品に賭けたデュ・シャトレ夫人の意気込みを雄弁に物語っている。

ともあれ、自分の情熱に自分で振り回されていたエミリーには、恋人のささいな言葉も不安要因となった。そしてこの不安ゆえに彼女はこの恋を必要としたのだ。安心を与えてくれない恋は、かえって彼女が長い間求めてきた「激しい感情」を自分の内にかき立ててくれたからである。いや、感情だけではない。ヴォルテールは病弱だったから、彼が彼女を熱愛していたときにあっても、強靭な肉体の持ち主であるエミリーはその点でつねに不満をかかえていた。若い士官だったサン・ランベールはそういう意味でも侯爵夫人の情熱を満たしたのである。彼女は自分がリュネヴィルに長期滞在できる大義名分を得るための画策を始める。エミリーはこの計画に、何も知らない夫侯爵を巻き込むことも気にかけない。しかしもし計画が成功して一緒に暮らし始めたら、注釈ができなくなりそうな心理状態になることもよくわかっていた。初夏にはついに注釈を再開するが、思うようには進まなかった。彼女は原稿を抱えて旅立ち、夏に再び恋人たちはスタニスワフの宮廷で再会する。やはりヴォルテールとふたり、この王に招かれたのである。しかし恒久的な滞在ではない。冬にはここを発たなければならなかった。エミリーが妊娠するのはこのときである。皮肉なことにサン・ランベールの心は彼女から離れかかっているように見えた。いや、より正確に言うならば、彼女を満足させるほどの激しい情熱ではなくなっていた。愛はたしかにそこにあったのだ。しかしエミリー自身にもコントロールできない業火のような情熱に、いつまでも同じ調子で応えられる男がどこにいよう。こうして年があけて妊娠がわかったとき彼女は四十二歳、最後の妊娠から十七年がたっていた。

エミリーは高齢出産による死の危険を恐れ始める。しかもデュ・シャトレ家にとっては不名誉な事態である。彼女は自分が夫や息子に恥をかかせたことを嘆いた。とりあえずヴォルテールを仲介に夫と話し合い、形式的にはシャトレ家の子供として出産することになった。こうしてこの妊娠はデュ・シャトレ家の正式な行事に組み込まれることになる。しかし当然と言えば当然だが、息子はこの事態に不満を隠さなかった。

しかしながら、どんな小細工をしてみたところで、口さがない社交界の噂を止めることはできなかった。そのうえ、先にも述べたように、彼女はつねに恋人の情熱を疑っていた。第三者から見れば、サン・ランベールは十分誠実な恋人だったかもしれない。しかし彼女の主観は満たされなかった。心は乱れ、「奇跡のような健康」と自負していた体力もおとろえを見せ始める。ところが注釈はこの悲喜劇的な妊娠が発覚してから、むしろいままでの中断を一気にとり返さんばかりの異常なスケジュールで再開されるのだ。「私に仕事を仕上げる精神の自由を残しておいてください、それの終わりは私をリュネヴィルにいざなうでしょう」(LA, N.69) と二月に恋人に書き送った彼女は、何としてでも次のリュネヴィル行きまでに注釈を完成したかった。このときはエミリーは五月には仕事が終わるつもりでいた。しかしそれは甘い見通しだった。なぜならその五月も後半になってからパリの館から恋人にこう書き送っているからだ。

朝は九時に起きます。街では食事をとりません。ボーヴォー・クラン殿下以外は誰も家に招待しないことにしています。そしていつも朝の五時まで仕事をしているのです。(LA, N.86)

あるいは次のような記述もある。

朝は九時か、時々は八時に起きます。三時まで仕事をして、コーヒーをいただきます。それから四時に仕事を再開します。十時になるとそれをやめて少しだけ食事をいたします。ヴォルテール氏と夜半までおしゃべりをして、彼と一緒に夜食をとるのです。それから私はまた仕事にとりかかり、朝の五時まで続けるという具合です。(LA, N.89)

七カ月の妊婦のすることではなかった。クレローが毎日のように訪れて原稿をチェックする。こんな身体になった自分のところに足しげく来てくれて、誠実に注釈に協力してくれるクレローの存在は、いまやエミリーにとってあらゆる意味で救いだった。この仕事の完成のためには絶対に彼が必要だった。出産が近づくほどに恋文のなかに、ニュートンのことが書かれる度合が多くなってくる。最後の時期では、このことに言及していない手紙のほうが少数になるほどだ。妊娠八カ月で「仕事の終わりの見えないままに、二十四時間の内、十八時間この作業をしています」(LA, N.91)などというむちゃくちゃな記述もある。ニュートンとともに後世に残る栄光の夢と、夫や子供にまで恥をかかせた狂気の愛と、どちらが大切だったのだろうか。「私はニュートンを愛してはいません。少なくとも理性と名誉のためにそれを終えるのです。けれど私は貴方と貴方に関係することだけを愛しているのです」(LA, N.89)と恋人に訴えつつも、自分のパリ出発リュネヴィル行きはクレローしだいだとも言っている。「私の魂、私の愛よ」という彼の熱い呼びかけにもかかわらず、彼女はサン・ランベールを待たせ続けた。「理性と名誉」以上のものが彼女を突き動かして、『プリンキピア』に向かわしめたのは明らかである。

死の影が頭から離れないエミリーは、どうしても出産までに仕事を終わらせたかったのだ。そうすれば仮に出産で死ぬことになっても安心できる。この、夫人の注釈への異常な没頭ぶりに、ヴォルテールも気が気ではなかった。しかし長年侯爵夫人と連れ添った彼は、彼女の気性は知り尽くしている。身体にさわると止めても無駄なことだ。恋人のドゥニ夫人との同棲まで考えていた彼だが、せめて出産まではデュ・シャトレ夫人の傍を離れまいと決心していた。ヴォルテールはこの年の六月に、フリードリッヒ二世に対して「私は彼女のお腹の子供の父親でもないし、医者でも産婆でもありません。でも私は彼女の友です。陛下、たとえ貴方様のためであろうとも、九月に死んでしまうかもしれない女性のもとを去ることなど私にはできません。彼女のお産はとても危険なことになりそうな雰囲気なのです。でも、もしそれが無事に終わりましたら、十月には陛下のもとに参上することをお約束つかまつります」（CV, D.3952）と書き送っている。この時期彼にとってエミリーが第一の女友だちであったように、彼女にとってもヴォルテールは第一の男友だちであった。じつにエミリーは、愛しているのは貴方だけだと語りつつも、自分の第一の友人はヴォルテールだとサン・ランベールに向かって断言している。

スタニスワフ王は、この女性が静かに出産できるようにと、リュネヴィル宮殿の近くに一軒家を貸し与える。ヴォルテールが傍についている。デュ・シャトレ氏もやってくる。サン・ランベールももちろんそこにいた。もう夏だった。出産は間近である。激しい腰痛と戦いながら、彼女は注釈に最後の手直しを続けていた。エミリーはもしも自分が出産で死んだ場合、原稿が散逸するのを恐れた。見直しはまだ完璧ではない。しかしもう時間はなかった。現存する最後の恋文にも注釈のことが書かれている。

貴方〔サン・ランベール〕がいない間に仕事ができれば、と思います。私はまだこれを完成してはいないのです。とても気分が悪くて、耐えられないほど腰が痛いのです。精神も肉体もみんな打ちのめされていて、心だけが残っているというありさまです。(LA, N.99)

「もうこれ以上書くことができません」という言葉で締めくくられたこの最後の恋文の直後、つまり一七四九年八月の終わりか九月のはじめに、出産間近の夫人がヴォルテール立ち会いのもとでパリの王立図書館のサリエ師に宛てた手紙が残っている。それは図書館に送る『プリンキピア』の草稿に添えられた手紙である。エミリーは死の予感をありありと感じていた。彼女は「この原稿が失われないように、これに番号をつけて登録してくださるようどうかよろしくお願いいたします」(LC, N.486) と師に懇願している。はたして彼女の不吉な予感は的中した。一七四九年九月十日、出産の六日後にデュ・シャトレ夫人はついに力尽きた。赤ん坊もまもなく息を引きとる。ヴォルテールは激しいショックを受け、やはり失意に沈んだデュ・シャトレ侯爵とともにこの希有な才能をもった女性の死を悼んだ。

ヴォルテールはデュ・シャトレ夫人の死後しばらくして、感動的な追悼文を発表している。詩人はここで恋人の「栄光への渇望」という野心を完全に肯定的なものとして描写し、デュ・シャトレ夫人こそは真の「女性知識人（femme savante）である」と宣言している。ただし、この文章こそが「〔デュ・シャトレ夫人が〕一時的にライプニッツ主義に傾いたが、やはりニュートンの正しさに目覚めて『プリンキピア』を仏訳した」という、事実と異なる説を広める原因ともなった。つまりこの追悼文には、恋人に対する正当な評価を求める部分と、その恋人の科学思想を裏切る部分とが混在しているのだ。その意味でこの文章は、まさにふたりの思想的な一致を強調したかったヴォルテールによる、いまは亡き恋人にささげる、彼なりの恋文《ラヴ・レター》だと言ってよい。あえてくり返すが、こういう文章は「事実」として鵜呑みにするのではなく、ヴォルテールから見たひとつのものの見方として、あくまでデュ・シャトレ夫人本人の証言との比較で分析するときのみ、史料としての真価が出てくるのである。

しかしこの時点ではまだ『プリンキピア』は出版されていなかった。残された注釈の原稿はクレローの監修のもと、先の追悼文を改訂したヴォルテールの序文とともに、翻訳部分と一緒に二巻本として一七五六年に出版された（修正版は一七五九年）。しかしクレローは自分の名前を印刷させてはいない。このことは、クレローが引き受けたのはあくまで監修であり、実際にこの注釈のために多くの文献を読み、原稿を書いたのはデュ・シャトレ夫人であったことを示す証拠であろう。彼女がこれにどれほど力を注ぎ、このレベルに到達するまでにどれほどの努力を重ねたのかを本当の意味で理解できるのはクレローだけだ。そしてこれはなんと、それから現在に至るまで、フランスにおける唯一の『プリンキピア』全訳となっているのである。

第4章 マリー・アンヌ・ラヴワジエとふたつの革命

マリー・アンヌ・ラヴワジエ（部分, ダヴィド画, メトロポリタン美術館蔵）

さて、われわれは先の第3章で、情熱こそが生きる喜びだと語り、その主張をまっとうしたようなエミリー・デュ・シャトレの生涯を見てきた。それでは十八世紀後半を生きたマリー・アンヌ・ラヴワジエはどのように科学と自分の人生を関係づけたのだろうか。エミリーと違って、こちらではとくに周囲の影響――化学革命を成し遂げた「偉大な学者である夫」ラヴワジエと、フランス、いやヨーロッパ全土を巻き込んだ嵐となったフランス革命――に注目しなければならない。マリー・アンヌはいやでも大きな嵐のなかを生きねばならなかった。とくにふたつめの革命はこの女性の人生をまっぷたつに分けてしまう。受身でこそないが、マリー・アンヌのたどった道はエミリーのような主体性が前面に出るような生き方とは別のものだ。だからこそその人生は、むしろデュ・シャトレ夫人の道よりも、いまだに女性の状況を代表する生き方なのかもしれない。

ここではとくに、ラヴワジエ夫人に代表される立場、すなわち夫や父、兄弟である男性学者の「見えざる助手」であった女性の立場のもつ意味について考察したい。というのも、こういう女性は当時もいまもその協力が賞賛されるものの、彼女たちがこの役割を選んだ動機が真剣に討議されることはなかったからである。仮に語られたにせよ、たいていはその男性に対する「愛」や「尊敬」「もともとの性向」という言葉で片づけられてきた。そこには、もしこの「男」と「女」が逆だったら、「女の協力者である男」が同様に評価されただろうかという考察は皆無である。人びとがラヴワジエ夫人のような役割になぜと問わなかったのは、当時の、そして現在のわれわれの社会における性役割についての考え方――ジェンダー――と無関係ではない。したがって、ここでは徹底的にラヴワジエ夫人自身の立場から、ふたつの革命がいかに彼女の利害と関係したのかについて考えてみたい。

1——化学革命の女神——ラヴワジエ夫人の科学活動

妻にして従妹
確として愛し、喜びを与える女《ひと》よ。
汝の則《のり》にひれ伏すラヴワジエのために。
汝はふたつの役目を満たす。
それは霊感を与える女神《ミューズ》にして秘書。
(Schnapper & Serullas éd., p.194)

これはラヴワジエ夫人を謳ったデュシという人の詩である。彼女の豊かな知性と教養は、こんな形で一般にも知れわたっていた。たとえば彼女は一七七八年に、『ふたつの橋、ヨーロッパの郵便』誌で〝夫の化学研究を手伝う妻〟として紹介されている。ラヴワジエにとっての妻の役割を、十九世紀末にラヴワジエの伝記を書いたグリモーが次のように述べている。それはまさしくデュシの詩の主旨そのものだ。

彼女〔ラヴワジエ夫人〕はまた〔ラテン語に加えて〕英語も学び、英語で発表された多数の化学論文を仏訳して〔英語の苦手な〕夫を助けた。〔…〕カーワンの二著『種々の酸の力』、『フロギストン論考』を仏訳し、一七八八年に出版した〔『種々の酸の力』は一七九二年の出版〕。彼女は絵画をたしなみ、版画を彫った。一七八九年に出版されたラヴワジエの『化学原論』の図版は彼女自身の手になるものである。夫人はまたダヴィドに絵画を学んだ。〔…〕彼女は夫について実験室に入り、夫の研究を助けた。〔…〕ラヴワジエとセガン〔スガンと綴られることもある〕の呼吸現象に関する実験の様子を描いたデッサンのなかで、彼女は自分を傍らの机で筆記している者として描いている。(Grimaux, pp.42-43)

しかし二十一世紀の一般人にとっては、何と言ってもラヴワジエの化学研究における妻の役割をもっとも明快に示してくれるのは、ダヴィドの描く二重肖像画『ラヴワジエとその妻』(一七八八。図11)であろう。この絵は夫妻が個人的に頼んだものなのだが、一七八九年のサロンで一般公開もされる手はずだった。しかしフランス革命の勃発がそれをさまたげる。革命の間の一時期、絵は政府に没収され、そのあとラヴワジエ夫人の手元に戻り、彼女の死後は遺産相続人が保管していた。二十世紀にその子孫がこれを売却したあと、アメリカではじめて一般公開されるという数奇な運命をたどったのである。したがってこの絵がリアルタイムでラヴワジエ夫人をさらに有名にした、ということはなかったが、ここには当時の社会が彼女に与えた賞賛とともに、彼女に対する、絵画の師であるダヴィドならではの視線が注がれている。

タイトルがどうあれ、誰がどう見てもこの絵の主役は夫ではなく妻である。ラヴワジエ夫人は絵の中央に位置しており、最新流行の純白のシュミーズ・ドレスを身にまとい、青いシルクでできた幅広いリボンのサッシュを腰に締めている。対してラヴワジエは、実直かつ裕福なブルジョアの象徴である、上等ではあるが地味な黒のキュロット・スーツと絹の白いブラウスを身につけて、妻の背後の、しかも低い位置に描かれている。机にかけられた布の真紅は、その衣装のモノトーンとあいまって、素晴らしい効果をこの絵に与えている。しかしコントラストが対照的なのは夫妻の衣装の色彩だけではない。その態度もまたきわめて対照的だ。妻はまっすぐに絵を見る人の視線（つまり画家自身の視線でもある）を受け止め、優雅で威厳のある態

図 11　『ラヴワジエとその妻』（ダヴィド画，メトロポリタン美術館蔵）

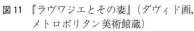

度で夫の肩に手を添えている。夫は書き物机に腰掛け、やさしげに妻を見上げている。このような男女の描き方はダヴィドとしては異例のことである。のちに「ナポレオンの画家」とも呼ばれ、この「女嫌い」の皇帝に気に入られたダヴィドは、ナポレオン同様「男らしさ」にこだわる人間だった。だからダヴィドの女性像は男性像に比べて一般に印象が薄く、たいていは「なよなよした」女性像が多い。

なぜダヴィドは自分のスタイルに反する形で夫妻を描いたのか。それはやはり彼が直接に夫妻、それも妻のほうの人柄とラヴワジエの研究における彼女の役割を知っていたからに違いない。この絵にラヴワジエが使っていた実験器具が描かれているのはすぐにわかるが、ラヴワジエ自身は書き物をしていて、それは『化学原論』の原稿なのだ。彼は画家に頼んで、「実験する人」としてではなく、あえて「本を書く人」として自分を描かせ、「理論の上に成立する実践としての化学」という新しい化学のイメージを強調したのだという。それは彼の成し遂げた化学革命の精神そのものでもあった。しかしそれだけではない。ここにはラヴワジエ夫人の作品も描かれているのだ。画面左手の奥にある書架に置かれているのは、夫の『化学原論』の挿絵として彼女自身が製作した版画のための下絵であろうというのが、美術史家の一致した意見である。つまり画家は彼女を芸術の化身として、彼を科学のそれとして描き、そのふたつの分野がこの夫妻の間で美しい調和をなしていることを表現したのである。もちろんダヴィド自身が芸術家だから、おのずと科学よりは芸術を強調してしまい、芸術家の妻が化学者の夫より目立つ絵になったという推理もできなくはないが、先に述べた彼の絵画傾向を考慮すると、この推理にはやはり無理がある。ダヴィドがマリー・アンヌ・ラヴワジエのなかにそれだけの強さを認めたからこそ、このような構図と色彩を選んだと考えるのが妥当であろう。少なくとも画家にはこの夫妻は対等、いやそれ以上に妻が華やかに活躍しているように見えたのだ。では彼女は具体的にどのような活躍をしたのだろう。

現在確認されているラヴワジエ夫人による科学関係の作品のなかで、出版されたものは、グリモーの記述のなかで述べられているふたつの翻訳と『化学原論』の十三枚の実験器具の図版（図13）、一八〇五年の『化学論集』の序文がある。未発表のものでは、引用の最後にある二枚のデッサン（図15、16）と『化学論集』のために用意された版画の下絵、夥しい量の実験ノート、プリーストリーやキャベンディッシュらの英語論文の仏訳多数。ラヴワジエの『化学原論』イタリア語訳にある、翻訳者のイタリア語序文のフランス語訳。また先にも述べた夫妻双方の筆跡のある旅行日誌や植物学についての覚書、先のカーワンの二翻訳の下書き、ラヴワジエ宛ての英語の手紙の仏訳などかなりのものが現存している。また、科学と直接関係はないが、オルレアン州会議に出席するラヴワジエと同行した際に書かれた、繊維産業の工場に関する記録は非常に興味深い。ここには、のちに革命を乗り切って財産を回復し、それを最後まで維持管理して莫大な財産を残した、大ブルジョア出身者としての彼女の経営の才のほどがすでに感じられる。そのほか、すでに述べたが師ダヴィドのスタイルを髣髴させる肖像画を残している（図3）。ここからわかることは、彼女の作品のほとんどが、のちに化学革命と称されるラヴワジエの新化学に関係していることである。

ここで少しだけ化学革命について解説しておこう。『百科全書』の項目「化学」では、化学の現状はいまだ未完成なものであり、新しい革命が必要だと解説してある。これから数十年ののちラヴワジエを中心としたフランス人学者らのグループが、この希望をかなえた。一般に取り上げられるのは酸素の発見によるフロギストン理論の追放、新しい元素概念の発明、新しい化学命名法、質量保存の法則などであるが、重要なのは個々の発見の背後にある概念の変化である。本書のはじめで述べたように、十八世紀はあらゆる分野においてニュートン科学が影響を及ぼした時期である。化学もまた例外ではない。ラヴワジエは化学をニュートン理論のように整然とした数学的学問にしたいと願った。つまり前世紀のような革命を化学にももたらそうとしたのである。この意味では、ラヴワジエはヴォルテールやデュ・シャトレ夫人たちによる科学啓蒙運動の延長線上に生きた人物と言えなくもない。

ラヴワジエは従来の定性的考え方よりも定量的方法を重視した。この傾向は彼の共同研究者の顔ぶれを見れば明らかである。彼は化学者のみならず、ラプラスやモンジュ、ラグランジュといった数学、物理学に長けた人材をも仲間に加えた。ラヴワジエはまた、天秤による厳密な測定法や新しい実験器具を開発しただけではなく、言語の改変は学問の概念そのものを変えるとするコンディヤックの思想を化学に応用し、新しい命名法によってこの分野の用語を大きく変革した。ラヴワジエたちの論文や著作、公開実験といった新化学キャンペーンはヨーロッパの化学界に旋風を巻き起こす。もうひとつの百科事典、パンコックによる『方法論的百科全書』(一七八二—一八三二)のなかの項目「化学」では、フールクロワがラヴワジエとその仲間のフランス人たちの業績を絶賛し、その内容は『百科全書』のものとは大きく変わっている。化学そのものの概念が変わったのだ。ラヴワジエは「化学における革命」を自ら宣言し、それを成し遂げたのである。

この、ラヴワジエによる新化学キャンペーンのなかで、ラヴワジエ夫人も翻訳や版画で自分の作品が公にされる機会をもつ。それはおもにサロンの会話や手紙といった、私的な空間でしか知的才能を発揮できなかった当時の多くの女性とは違った、その分野における厳密な能力を開発する貴重な機会を彼女に与えることになる。この点で、同時期のフランスでは化学に関してラヴワジエ夫人と並ぶ女性は、ラヴワジエの科学仲間だったギトン・ド・モルヴォーの恋人で、ラヴワジエ夫人とも仲のよかったピカルデ夫人だけであろう。彼女も語学に長け、外国語の化学論文を翻訳し、ラヴワジエたちが創刊した雑誌『化学年報』などに載せた。ともかくも、このような仕事とそれに対する内外の賞賛は、ラヴワジエ夫人に科学に関してある種の野心をもたせる機会となる。デュ・シャトレ夫人ほどあからさまではないものの、ラヴワジエ夫人もまた野心と幸福との関係をわれわれに教えてくれるのだ。それでは具体的な証言を通してこの過程を見ていこう。

ラヴワジエ夫人と化学革命

貴女は私の疑いに打ち勝たれたのです。少なくとも、貴女が私に送ってくださった興味深い本の主要なテーマであるフロギストンに関してはそうです。私はかつてシュタールの大の崇拝者でした。〔…〕私がこの人たち〔ラヴワジエとその仲間の学者たち〕の明晰さや崇高さと、K〔カーワン〕氏の反論のなかにある混乱や怒りとを比べてみますと、私は次のように結論せざるを得ません。貴女が気品のある文章で正確に彼の作品を翻訳なさったのですが、このように翻訳することで貴女が彼に与えた栄誉は彼にとっては致命的なものとなったのです。と申しますのも、それによって彼の推論のとんでもない貧弱さ、いやむしろしばしばまやかしとすら言えるものが白日のもとにさらされたのですから。貴女が二十七ページで取り上げられた、空気が溶解し得る水の量についての注に、私は個人的な感謝の意を表明いたします。(CL, N.1089)

これはスイス人化学者ソシュールが、ラヴワジエ夫人が翻訳した本についての感想をしたためた手紙である。この本の原本はラヴワジエたちの推し進める新化学に対抗した、アイルランド人の大御所化学者カーワンの反論書『フロギストン論考』(一七八七)である。ラヴワジエたちはこれを仏訳してそこに自分たちの再反論をつけ、翌年に出版した。この本はカーワンにとって致命的な打撃となった。表題のフロギストンというのは燃素とも訳される当時の化学用語で、手紙にあるシュタールというドイツ人学者の説である。しかしその起源は、デュ・シャトレ夫人が参加した科学アカデミーの懸賞論文のところでも出てきた「火物質論」にあり、古代の科学理論と深い関わりがある。そこでは燃焼や発酵、酸化といった現象をつかさどるものとしての「火物質」が想定され、一八世紀初頭に活躍した化学者シュタールは、それをフロギストンと命名したのである。この理論では、燃えたり発酵するものにはフロギストンが含まれている。そしてこれらの現象はフロギストンが放出される過程と見なされた。

ところがこの理論では説明し難い現象が「発見」される。その前後で重量が増加する金属の灰化（酸化）現象である。もちろん金属の灰化現象自体は昔からあった。しかしシュタール本人はこの現象をまったく問題視していない。この頃までの化学者は重量増加を重視せず、感覚的性質（色、におい、手触りなど）の変化を本質的現象だと考えていた。灰化現象における重量増加は、当時はむしろ物理学のほうで問題視されていた。その証拠に、シュタール自身は灰化後に金属のつや（といった感覚的性質）がなくなる現象にのみ注目し、それこそがフロギストン放出の証拠と考えていた。ところが一八世紀後半になってニュートン科学の影響が強まるにつれ、化学者もまた重量に着目するようになってきた。こうなるとこの現象は、「フロギストンが出ていく」という説と合わなくなってしまう。そこでシュタールの支持者たちは「負の重さ」をフロギストンに与え、この現象の説明としたのである。ここに登場するのがラヴワジエの酸素理論だった。彼はフロギストンを不要とし、それで説明されていたすべての現象

コラム16　ラヴワジエとカーワンの酸理論

ラヴワジエは酸素を燃焼に必要な元素と規定しただけではない。その命名からもわかるように、それを酸の原質だと考えたのである。したがってラヴワジエとカーワンの主張では、燃焼理論はともかく、酸理論についてはく酸の定義は水素イオンの存在なので）、むしろ水素を酸の原質としたカーワンの説のほうが現代の理論に近い。しかし本書にあるように、ラヴワジエたちの徹底的な攻撃と、それ以外のラヴワジエ理論の見事さによって、とくに『化学原論』以降カーワン説は完全に葬り去られたのである。

は、新しく発見された気体である酸素とそれらの物質の結合によって説明できるとしたのである。しかもこの酸素は、大気空気を構成している主要成分でもあるのだ。このことから、当時ラヴワジエたちは「空気論者」「反フロギストン論者」と呼ばれたりもした。

カーワンは新しいタイプのフロギストン論者で、ラヴワジエたちの発見を無視しなかった。彼は最近発見された軽くて燃える気体、可燃性空気(水素)に着目し、これこそがシュタールのフロギストンだと『フロギストン論考』で主張したのである。ところがラヴワジエたちはこの説を徹底的に攻撃したのである。そのためにこの本をわざわざフランス語に訳した。ここで翻訳と序文、翻訳者の注を担当したのがラヴワジエ夫人であった。ソシュールの手紙にもあるように、彼女の訳は正確である。すでに夫のために私的に英語論文を訳していた彼女には、それなりの準備ができていたのだ。いつもと違うのは、それが公刊されるということだった。ここではじめてマリー・アンヌは「出版されるために書く」という経験をする。これが科学における公の世界への彼女のデビューとなった。

しかし同じ翻訳でも、この仕事はデュ・シャトレ夫人のそれとは大きく異なっている。つまりここでラヴワジエ夫人の仕事は、周囲の世界から完全に祝福されているということだ。マリー・アンヌには「公表の意図はなかった」などと言い訳する必要はまったくない。それは何と言っても周囲の男たち、とくに夫のために望まれてする仕事だからだ。心理的負担があるとするならば、私から公の領域に出るにあたって、「夫の名を恥ずかしめない妻」であることを証明するだけの仕事の正確さが保てるかということだけである。

この仏訳でのラヴワジエ夫妻の協力体制は密であり、目次（付録、資料２）を見ればわかるが、最初の部分にあたる妻の序文、カーワンの序文、それに対する夫の反論、という夫妻だけで行なった仕事のなかで、妻がカーワンの序文のなかの歴史的記述に反論し、夫がその科学的記述に反論するという挟み撃ちの作戦をとっている。ここまで読んだだけで、読者はカーワンの説を古臭いと思うように夫妻でもってきているのだ。つまりラヴワジエ夫人は、名前こそ出していないが（図12）、単なる翻訳者ではなく、反論者のひとりでもある。さらにこの序文には、デュ・シャトレ夫人の時代の科学との関係で興味深いことがある。それは「仮説」問題である。ラヴワジエ夫人はなんと「フロギストンという仮説」という言葉を使って、フロギストンを批判するのだ。ここでも「仮説」は悪者である。「われは仮説をつくらず」というニュートンのせりふの影響は健在だった。言い換えれば、デュ・シャトレ夫人は仮説という言葉の濫用を嫌ったが、それはニュートンを英雄視したこの啓蒙の世紀には、そう簡単に抑えられない風潮だったのだ。

　さて、ソシュールが述べている「二十七ページの注」に着目してみよう。この本には「翻訳者の注」というもの

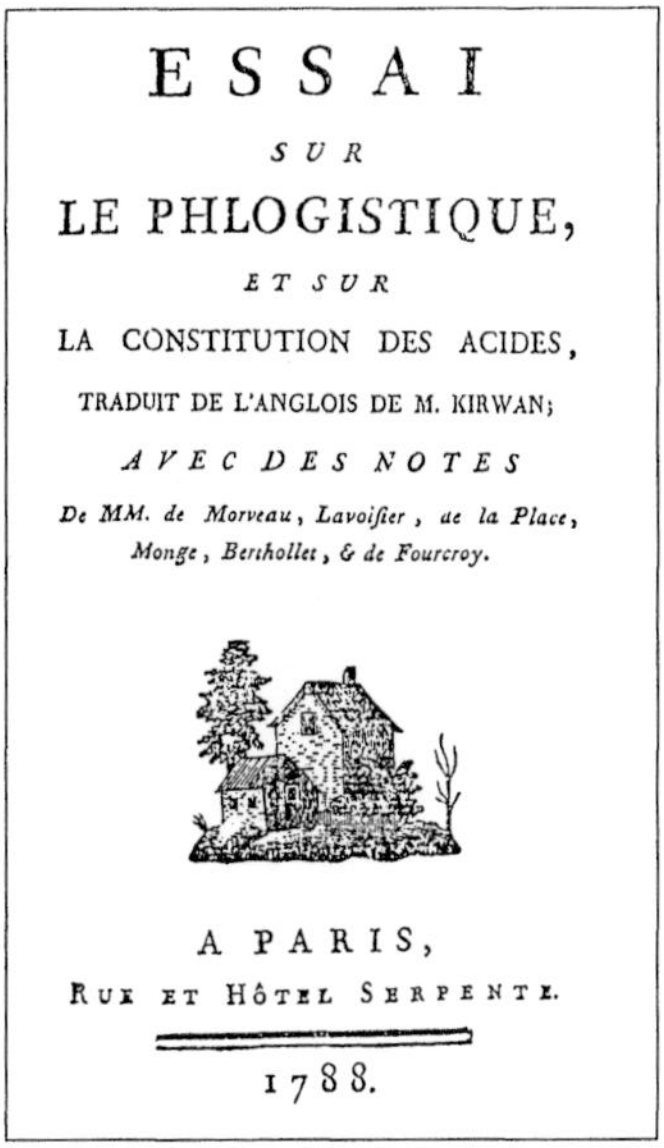
ESSAI
SUR
LE PHLOGISTIQUE,
ET SUR
LA CONSTITUTION DES ACIDES,
TRADUIT DE L'ANGLOIS DE M. KIRWAN;
AVEC DES NOTES
De MM. de Morveau, Lavoisier, de la Place, Monge, Berthollet, & de Fourcroy.
A PARIS,
RUE ET HÔTEL SERPENTE.
1788.

図12　カーワン作，ラヴワジエ夫人仏訳の『フロギストン論考』のタイトルページ（翻訳者の名前がないことに注意）

が三つある。内容はカーワンの実験結果に対する短い反論で、実験に精通した者でないと書けない内容である。ラヴワジエ夫人は夫の傍らでずっと実験記録をとり、外国語の化学論文を多数翻訳していたのだから、このような注を書いても不思議はない。だからこそソシュールもその注が自分の実験記録を支持したことで、彼女に感謝しているのだ。ところがそう言い切ってしまうにはじつは問題がある。この本の翻訳原稿は残っていないが、「L***夫人訳」と記して『化学年報』に載せた一七九二年のカーワン作品の翻訳原稿なら残っている。そこではなんと、ラヴワジエ夫人の翻訳にラヴワジエが手を入れているのだ。彼は表現の細かい訂正だけでなく（ラヴワジエは英語が苦手なので、翻訳を訂正しているわけではない）、妻が原文に忠実に訳しているカーワンの旧い物質名を新化学風に（「ヴィトリオル酸」を「硫酸」にするなど）書き直している。しかも「翻訳者注」として印刷されている部分は草稿ではラヴワジエの筆跡である。

いったいこれら一連の「翻訳者注」の作者は誰なのか。夫なのか妻なのか。しかしもし夫ならなぜわざわざ「翻訳者注」などというせりふを入れてそれを妻の手柄にしたのだろうか。

ここでふたつの可能性について考えてみよう。まずラヴワジエ夫人作者説である。ラヴワジエ夫人自身がカーワンの実験データの間違いを見つけたが、すぐには書き込まず、まず夫に相談した。妻の相談を受けた夫は、それをより完全な形で文章として原稿に書き込み、このような草稿が残った。この説ならラヴワジエの筆跡と「翻訳者注」という表現の両方が成り立つ。

もうひとつはラヴワジエ作者説で、夫人はこれになんら関与していないという立場である。この説では、なぜラヴワジエがこの話を妻の手柄にしたのかということを解明しなければならない。ラヴワジエが紳士だったから、と主張する研究者もいるが、それでは答えにならない。この説では事実と印刷されたことが違っているのだから、そこまでしてもこの発見を翻訳者注として妻の手柄にしたいと夫妻で思っていなければならない。とりわけラヴワジエ夫人のほうにより強く、このようなトリックを使ってでも、「科学において評価されたい」という意志がなければならない。加えて、そうしてもあやしまれない状況、つまり最低限、ラヴワジエ夫人がかなりの実践的な科学的知識をもっており、それが周知されている必要がある。

たしかに後者の条件は整っている。この時期のラヴワジエ夫人に宛てられた学者たちからの手紙からはどれも、この女性を反フロギストン論者のひとりとして真剣に扱う姿勢がうかがえる。彼らは化学の細かい内容について、ラヴワジエ夫人に書き送っているのである。実際、彼女は科学アカデミーの正式な会議記録においても『フロギストン論考』の仏訳者として賞賛されているほどであった。これらを総合すると、ソシュールが注の作者を何の疑いもなくラヴワジエ夫人と見なしたのはごく自然な反応である。彼女の科学知識は相当なものだった。前者の、科学において評価されたいという意志という条件も、結婚の当初から夫にふさわしくなりたいと言っているのだから、整っていると言ってよい。もっとも、トリックを使ってまでそう見せたいと思っていたかどうかは不明である。

しかも序文の草稿を見るとさらに興味深いことが判明した。印刷されたものには、序文の最後に「翻訳者はあえて、あまり重要でないいくつかの注のみを担当した」(Kirwan, 1788, p.x) という文章だけの短い段落がある。五種類ある序文の草稿を時間の順に並べると、はじめラヴワジエ夫人にはこの文章を入れるつもりがなく、途中で最後から二段落目にもってくることにし、最後に終わりの段落に置くことに決めたことがわかる。たしかにこの文章の表現は控えめだが、これだけを独立した段落にして、しかも序文をこれで締めくくるとなると「この本には翻訳者注がある」と宣伝しているのと同じである。マリー・アンヌは(そして夫ラヴワジエも)読者をこれらの注に注目させたいのだ。

結局この注の本当の作者は誰なのか。いや、そもそも「本当の作者」とは何を意味するのだろう。デュ・シャトレ夫人の章でも見てきたように、その分野に関する興味を共有し、ともに暮らしている人間同士の思想をはっきり分けるのは不可能である。にもかかわらず、そのふたりが男女である場合、だいたい女性のほうにだけ「本当の作者は誰か」という問いが投げかけられることが多い。デュ・シャトレ夫人が『物理学教程』をめぐってどのような中傷と戦わなければならなかったかを考えると、ラヴワジエのような男性を夫にしたマリー・アンヌがどういう目で見られるかは言わずとしれたことであろう。もちろんエミリーとヴォルテールのカップルと違って、こちらのカップルでは男の科学的知識のほうがすぐれているのは事実だが、だからと言って彼が彼女から教えられたことが何ひとつないなどということは考えられない。それはたとえば、教師が生徒から教えられることは何ひとつないというのと同様の暴言である。われわれがここで考えるべきは、ラヴワジエが妻を作者としてこれらの注を出版させたという事実の意味するところである。実際の作業がどのようになされたにせよ、彼は彼女がこの注の作者にふさわしいと判断したのだ。つまりマリー・アンヌはこの内容が理解できるだけの化学の実践的、理論的知識を身につけ、反フロギストン論者のひとりとして翻訳し、歴史的解説を書いたのである。

絵画による化学革命への参加——芸術と科学の結合

翻訳以外のラヴワジエ夫人の出版物である『化学原論』の図版（図13）は、科学史にとって貴重な史料である。実践の学としての化学という当時の一般的イメージとはうらはらに、それまでの化学の本につけられた図版はかなりずさんなものだった。ところがラヴワジエ夫人のそれは、読者が（資産があれば、の話だが）絵を見て装置が組み立てられるように構成されている。作者であるマリー・アンヌの実験室に親しんだ経験がここにみごとに生かされている。この版画では専門の職人ばりの非常に緻密な作業がなされたことがわかっている。この図版は当時内外から高い評価を受け、ラヴワジエ自身もこれを気に入っていたとみえて、結果的に彼の遺稿集となった『化学論集』においても同様の作業が予定されていた。しかし、これは実現せず、夫人の描いた下絵は未公開のままあとに残された。

ここでダヴィドの弟子としてのラヴワジエ夫人という視点を導入すると、じつはこれらの作品に彼女独特の態度が見て取れる。それは何か。彼女はすべての図版の右下に「ポールズ＝ラヴワジエ彫」と署名している（図14）。この記載からふたつのことがわかる。ひとつめは絵画に対する彼女の自負心である。『フロギストン論考』では翻訳者名が記載されていないのに、こちらは作者名がフル（L＊＊夫人といった方法でなく）で明記されている。ラヴワジエ夫人は翻訳よりも絵のほうに自信があったのだろう。

実際、これは夫やその仲間には太刀打ちできなかった領域だ。それだけではない、この「彫」という記載は、彫る作業そのものを彼女が自ら行なったということを意味している。じつは版画製作にあたって、ダヴィドとその著名な弟子たちは彫りは専門の職人にまかせていた。理由はふたつある。それだけの経済的余裕があったことと、彫るという手作業は芸術では格下の仕事と思われていたことである。ラヴワジエ夫人は裕福だ。しかも社交界の花形である。なぜ自分で彫りを行なったのだろう。じつは版画の技術を彼女がどこで学んだかはわかっておらず、ダヴィドの工房以外の場所だった可能性はかなり高い。しかしこれについてダヴィドの姿勢を知らなかったはずはない。マリー・アンヌはその財産と身分にもかかわらず、あえて自ら彫りを行なったと見るべきだろう。それは実践と理論の調和的結合を至上のものと見なしたラヴワジエの化学観に影響されてのことだったかもしれないし、労働を尊いものとするブルジョアの規範に基づくものだったかもしれない。ともあれ彼女は、職人の技をいやしいものとして遠ざけず、自信をもってその作業を行ない、それを公にしたのだ。

版画とは別に、科学に関する未公刊のデッサンがふたつ存在する（図15、16）。描かれているのは、のちに夫人と仲違いするラヴワジエの弟子、セガンとラヴワジエによる呼吸の実験を描いた場面である。ここから砲兵工廠にあったラヴワジエの館には、少なくとも二部屋の広い実験室があったことがわかる。しかもそれらは錬金術の伝統を引きずっている（たとえ思想的にはそれに反対していても）当時の一般的な化学実験室と違って、きわめて整然としたものであったことも明らかだ。マリー・アンヌはここでは実験日誌を「書く」仕事をする者として自分を登場させている。これが事実と合致していたことは、彼

図 13　ラヴワジエ夫人によるラヴワジエ作『化学原論』の実験器具（熱量計：カロリーメーター）の版画

図 14　上記の版画の右下にあるラヴワジエ夫人の署名部分の拡大図

女の手になる多数の実験日誌が証明している。また、ここでマリー・アンヌが自分に、ダヴィドの肖像画とよく似た服装（しかもあえて実験室にはあまりふさわしくない服装）をさせていることにも注目したい。これは肖像画のあとで描かれた作品で、ここで彼女は明らかに師が自分たちの肖像画に託した意図である、芸術と科学の対等で調和的な結合というテーマをなぞっている。

新化学仲間のアッサンフラッツがラヴワジエ夫人に提案した挿絵のエピソードも忘れてはならない。この学者は、『フロギストン論考』仏訳に挿絵をつけようと思っていたラヴワジエ夫人に、新化学がフロギストンを倒すことを象徴する三種類の戯画のアイディアを披露している。ただし出版された『フロギストン論考』に挿絵はない。

ラヴワジエ夫人は結局絵を描かなかったのか、描いたけれども載せなかったのかはわかっていない。最初に彼女の絵が公刊されたのは『化学原論』だが、この手紙よりそれ以前から彼女の画才がラヴワジエの仲間たちに知られていたことがよくわかる。

応用の学としての科学

ここでデュ・シャトレ夫人との比較で、ラヴワジエ夫人の科学観について見てみよう。結論から言えば、夫の科学観と彼女のそれとの間に大きな差はない。若い頃から科学と人類の福祉を関連づけていたラヴワジエは、その生涯の最後まで科学の応用的側面を重視していた。もちろん、『化学原論』の構成（理論が第一部、実験が第二部）や、ダヴィドの肖像画のポーズ（実験器具に囲まれてはいるが、ラヴワジエ自身は本を「書く」人として描かれている）からわかるように、彼は科学の基盤は理論であると考えていた。しかしけっして思弁に終始せず、理論と応用の絶妙のバランスの上に己の研究を成立させていたのである。妻であるマリー・アンヌもこの科学観を共有していた。『フロギストン論考』の翻訳者の序文でも、ラヴワジエの死後に書いた『化学論集』の序文や彼の抄伝のなかでも、ラヴワジエ夫人は理論の精密さと確実な実験の裏づけこそが新化学の卓越性の証であると述べている。

とくに応用科学についての彼女の見解がよくあらわれているのが、エソンヌで起きた爆発事故を目撃したあとの手紙である。一七七五年から火薬管理官であったラヴワジエは、フランスの国防のために輸

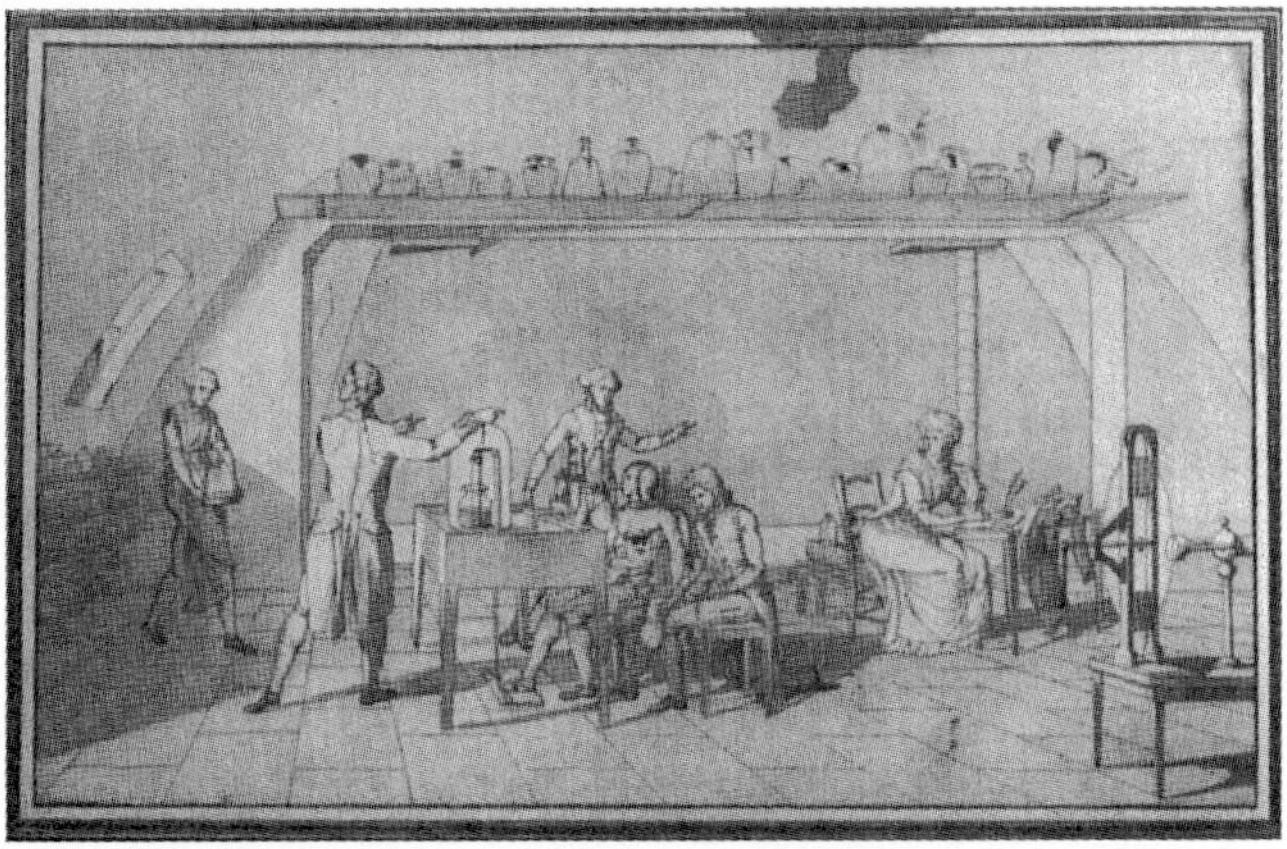

図 15　ラヴワジエ夫人によるラヴワジエの呼吸実験のデッサンその 1. 運動状態での実験（個人蔵）

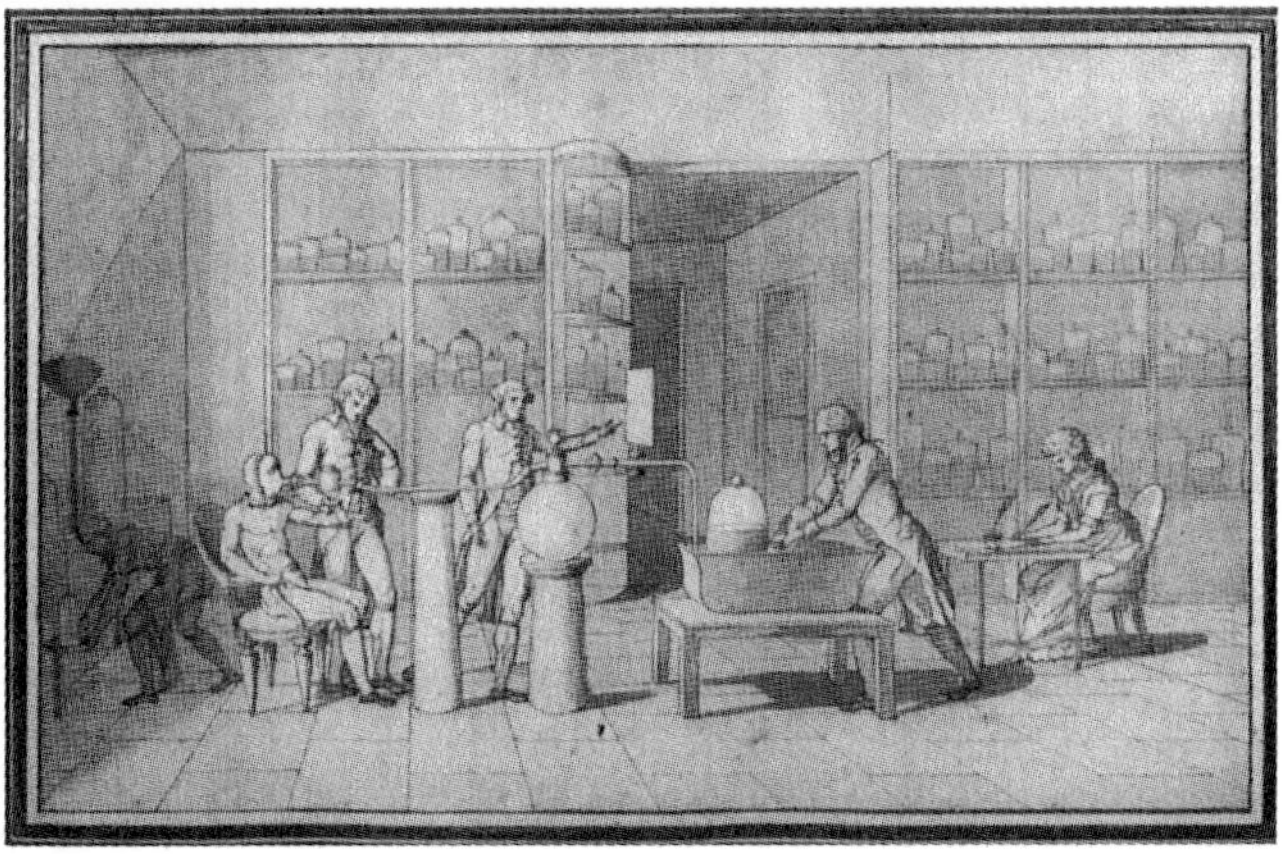

図 16　ラヴワジエ夫人によるラヴワジエの呼吸実験のデッサンその 2. 静止状態での実験（個人蔵）

入原料に頼らない国産の高性能の火薬製造計画に携わっていた。そのための原材料を求めて彼はフランス各地を旅したのだが、マリー・アンヌもこの旅の多くに同伴した。彼女は変化する地層や岩石を観察し、それらが応用される仕組みを直に理解する機会をもった。同時に恐ろしい危険も。

事故は一七八八年十月二十七日、ラヴワジエ夫妻とベルトレが新火薬の実験のために訪れたエソンヌの工場で起きた。火薬の材料である塩素酸カリを混合しているときに材料が爆発し、工場長のル・トールと火薬検査官シュヴローの妹が吹き飛ばされ、壁に激突して死亡したのである。パリから来た三人は激しいショックを受けた。しかしそれにひるむラヴワジエではなかった。彼は事故の翌日に当時の財務総監ネッケルに向かって、「もしも貴方様が陛下〔ルイ十六世〕に、この悲しむべき事件、私が遭遇した危険のことをお話しくださるときがありましたら、同時に、私の命は陛下のものであり、国家のものであり、私はいつなんどきでも喜んで己の身命を犠牲にするつもりであることを陛下にお伝えくださ い。それがこの新火薬について同じ実験をくり返すこと――これはどうしてもしなければならないのですが――であっても、あるいはほかのどのような仕事であろうとも、どんな危険がそこに待ち構えていようとも、それが国家のためになるならば、私は喜んでこの身をささげます」(CL, N.1084) と書き送っている。

ラヴワジエ夫人は夫のこの態度をどう思ったのか。少なくとも私信での彼女の意見はラヴワジエのそれと変わらない。次の年の一月になっても、彼女はソシュールに自分の受けたショックについて書き送っているが、事故からほぼ半月後にギトン・ド・モルヴォーに宛てて次のような手紙を書いてもいるのだ。

私たち〔ラヴワジエと自分〕は、たしかに、とてもおそろしい危険を冒したところなのです。〔…〕この爆薬の製造がもたらした破滅的結果を見る限り、あえて同様の実験を行なうわけにはいかないとお考えになるでしょうね。でもラヴワジエ氏は事件後ただちに、それの新しい方法にとりかかっております。この人は、戦争が要求している解決策のすべてを、この新しい薬剤から引き出すことを探求せずにおいたりはできないほど、良き市民なのです。また、それに対する完璧な信頼性を得る方法を探究せずにすましたりもできないほど、普段からあまりにも自然の秘密を探り当てることに慣れっこになっているのです。(CL, N.1092)

ここからわかるのはマリー・アンヌが科学の有用性という視点を、単なる概念としてではなく、自分自身のものとしてもっていたということだ。それは観念論者エミリーとはまったく異なる科学観である。時代や性格の差を考慮してもなお、そこにあるのは大きな経験の差である。実験や研究旅行への参加という経験を通して、ラヴワジエ夫人は国家が支援するものとしての科学という概念を的確につかんでいた。そういう意味でも彼女は、広い視点で新化学の意義を理解していたと見ていいだろう。ひとつ時代の差というものを考慮するなら、そのせいでデュ・シャトレ夫人にあってラヴワジエ夫人にない観点がある。科学における神の問題である。『百科全書』の時代を経た大ブルジョア出身のこの女性は、この主題について悩むことはなかった。聖俗革命の影響はこのふたりの女性の思考法の差に顕著である。マリー・アンヌは夫とともに現世に生き、そこで役立つものとしての科学を支持したのである。

次に、そういう女性であるラヴワジエ夫人を、当時の知識人がどう評価していたのか、また彼女自身が自分をどう見ていたのかということを中心に、ラヴワジエグループでのラヴワジエ夫人の位置について考えてみよう。

生徒か仲間か――ラヴワジエ夫人の葛藤

当時のラヴワジエの館には、化学者としての彼の評判を聞いて、多くの外国人が（とくに実験室の見学に）訪れた。そしてそのうちの何人かが、その妻についても書き残している。たとえば農業改革者で旅行家でもあったイギリス人のアーサー・ヤングは次のように書いている。

〔一七八七年〕十月十六日。約束どおりラヴワジエ氏の所へ。生気にあふれ分別のある知的な女性、ラヴワジエ夫人は紅茶とコーヒーつきのイギリス式の食事を支度していてくださった。しかし一番のもてなしは、夫人が翻訳中であったカーワンの『フロギストン論考』についての話や、あるいは実験室で夫の手伝いをしている知的な女性である夫人の心得のある話術であった。（Young, p.106. 波線はヤングがフランス語で書いている部分。原文は英語）

またパリのアメリカ人総督であったモリスの証言も興味深い。

一七八九年六月八日。ラヴワジエ氏と晩餐…夫人は感じのよい女性だという印象を受ける。夫人はかなり美しい顔立ちをしている、しかし夫人の振る舞いから察するに、彼女は自分の美点はその人柄よりもむしろ知性であると考えているように思われる。〔…〕

一七八九年九月二十五日。約束どおりにオペラに行き、出し物の終わり頃に、ラヴワジエ夫人専用の桟敷席を訪問した。…ラヴワジエ夫人と一緒に砲兵工廠のラヴワジエ邸に行って、「市庁舎に行っている」主人の帰りを待ちながら、そこでお茶をいただいていた。自分には子供がいないのだと夫人が言ったので、貴女は〔妻の務めを〕なまけていらっしゃるんですよと私は力説した。しかし彼女はそれはただ運が悪いだけだと言い張った。(Duveen, 1953, p.17. 波線はモリスがフランス語で書いている部分。原文は英語。傍点は引用者による)

英米系の客人にはその国の方式でもてなす様子などは、社交の名手と謳われたラヴワジエ夫人ならではの気遣いであろう。じつにラヴワジエ邸では毎週月曜に内輪の晩餐会が開かれ、それとは別にいろいろな客人を多数呼ぶサロンやコンサート(ラヴワジエ自身も音楽愛好家であった)も毎週それぞれ別の曜日に催されていた。しかもその間をぬって夫妻はオペラや芝居に出かけ、そこでも自分たち専用の桟敷席で社交をくり広げていたのである。そして結婚以来、マリー・アンヌの社交術は内外の客人から高い評判を得ていた。しかしヤングとモリスの証言は、むしろ彼女がラヴワジエグループの学者たち以外に対しても、単なる「すばらしい社交夫人」以上の評価を求めていたことを雄弁に物語っている。彼女は「自分の」翻訳についてヤングに語り、「人柄より知性で」評価されたいとモリスに感じさせている。これはまさに「真剣な学問を尊重し、才能ある人物に敬意を払う」という父の教えが、彼女のなかに内面化されていたことの証拠である。ラヴワジエ夫人は、初対面の人物にまで、「学識」によって自分の価値を評価されたいと願ったのだ。新化学への協力は彼女にこの評価をもたらし、同時に自分に自信を与えてくれるはずのものだった。

ここでもう一度ラヴワジエ夫人自身の手になるデッサン（図15、16）を見てみよう。注目すべきは絵のなかの彼女の位置である。彼女は二枚ともで、自分を、実験している男たちとは少し離れた位置にすわらせている。この、参加してはいるのだが、ほかの男たちと少し離れた位置にいる、という微妙な位置関係こそ、ラヴワジエ夫人がラヴワジエグループのなかで果たしていた役割を象徴するものである。先にここには師ダヴィドの精神が生かされていると述べたが、師の肖像画と比べると、明らかにこちらのほうがマリー・アンヌの存在感が薄い（もちろん男だからといってみんなが仲間とは限らない。ここには、中心から外れた位置にいる男性も存在する。つねに画面の左端にいて、影のなかに描かれている人物である。これは下働きの召使であり、同じ男性でも明らかにほかの男たちとは身分を異にしており、「仲間」ではない。この絵で仲間と言える人物は、中心にいる四人の男性のみである）。マリー・アンヌは夫の仲間たちのなかでの自分の居場所をよく理解していた。モリスは彼女が、知性で評価してもらいたがっているという主旨のことを書き残したが、このような環境のなかではそれが本当の意味でどれほど難しいことかもこの絵がみごとに表現している。次の手紙は、その困難さの、ラヴワジエ夫人自身の「言葉」による言い換えである。

> 貴方が御自分の信仰告白のお相手に私を選んでくださったことで、私はとても得意になっております。本当なら翻訳しか取柄のない私にはそんな資格はありませんのに。この主題に関しまして貴方が私にかけてくださった数々の優しいお言葉は、もしもいつも私の周りにいる、私よりずっと有能な人たち――その人たちと比べると私なんて小娘でしかない――あの人たちがいなかったら、私に自尊心を与えてくださるのに十分なものでしたでしょうに。化学という学問は、それについてゆくのがかなり困難なほど進歩しています。そしてその進歩はあの新しい学説に負っているのです。
> （CL, N.1106. 強調は引用者による）

さて、これは先の部分で引用したソシュールの手紙（CL, N.1089）への返事である。ヤングやモリスの証言と時期はたいして変わらない。ここで彼女はソシュールが新化学への転向をまず自分に伝えてくれたことには感謝しているが、ヤングやモリスの印象とは対照的に、科学研究に関わる者としての自分の自己評価はかなり低いことがわかる。「翻訳しか取柄のない私」「私なんて小娘でしかない」などという自信のない表現からそれは明らかだ。ソシュールの告白はうれしくとも、それで真の自尊心が得られるわけではないとまで言っている。

その理由は「いつも私の周りにいる、私よりずっと有能な人たち」のせいである。しかし「あの人たちがいなかったら」とは、何という皮肉なせりふだろう。ラヴワジエ夫人がヨーロッパ随一の化学の知識をもつ女性たり得たのは「あの人たち」のおかげではないのか。さもなければほかのサロンの女主人同様、モリエール的に茶化される、聞きかじりの知識しかない中途半端な才女きどりで終わったろう。しかしこの「有能な人たち」はラヴワジエ夫人の教師であったと同時に、彼女にどうしようもない劣等感を抱かせる存在でもあったのだ。ラヴワジエ夫人の系統だった科学知識は、皮肉にも彼らと自分の違いを具体的に理解することを可能にした。「化学という学問は、それについてゆくのがかなり困難なほど進歩しています」というのは彼女の本音と考えてよい。

最初の章でも少し述べたが、特別な教育を受けなかったにもかかわらず、「真剣な学問を尊敬する」ように育てられた「父の娘」マリー・アンヌに、その学問で自信をもてということそのものが無理なのだ。この父は当時としては開明的だったし、彼女は父を慕っていたろうが、ある意味ではこれは残酷な教育法でもある。なぜならこのように育てられた人間は、自分がそれと期待されなかったものを尊敬するように強いられるからである。つまりこういう人間は「真剣な学問」に本当の意味で参加できない自分を尊敬できないのだ。最初から学問など尊重しない家庭で育てられていたなら、そこに近づきもしないし、学問ができないからといって自分を卑下したりもしない。たとえ夫がラヴワジエのような学者で、そのことを自慢にしたとしても、本質的に自分はそのような人間とは「縁なき衆生」なので、夫の知性は自分との比較や嫉妬の対象にならない。そして上流社会であっても、これが当時のほとんどの女性の状態である。しかしマリー・アンヌはそうではなかった。彼女は最初からラヴワジエやその仲間とは「縁」があったのだ。

しかも、マリー・アンヌの結婚当初の環境は父の教育方針を助長する特殊なものだった。その結婚のはじめから周りの男性たちとの間に圧倒的な知識と年齢の差があるなかで、夫に協力すべく化学を教育されたラヴワジエ夫人には、「小娘」つまり彼らの「生徒」である立場から逃れるすべはなかった。というのも、ここでは女生徒のほうにロールモデルがないからだ。これは決定的である。男性なら男性の弟子になっても、自分もいつか師になることを自然に受け止められる。師そのものが自分のモデルなのだから。若きラヴワジエにとってルエルやラ・カイユ師はその役割を果たしていたはずだ。けれども、ラヴワジエ夫人のような立場の女性に、どうしてそのような視点がもてただろう。

少女のときから彼女を協力者に育ててきた、十五歳年長の偉大な学者の夫――しかも彼女と違って、当初の父の期待とは異なる分野であった化学を「自ら選び」、そのことを家族に認めさせた男性――がつねに傍らにいる状況は、人生の早い時期に最先端の学問状況に触れるという稀有な機会を彼女に与えたが、同時に真の自尊心がもてない心理的環境をますます強めてしまったのである。一般的にこういう女性たち――ある集団のなかの唯一の女性として、あるいは女性だけで、つねに自分より年上の男性教師たちのみから学問を習うという環境にある女性――は、生涯そのときの印象（男は教師、女は生徒）から抜けだすことに心理的困難を感じ、知識こそ豊富だが自分が独自に何事かをなすことを確信できない傾向をもつ。このような女性がいかに「有能な助手」になれるかはすぐにおわかりになるだろう。

逆説的な話だが、この「自尊心の欠如」という問題を考慮すると、先に述べた翻訳者注の作者は、やはりラヴワジエ夫人ではないかという可能性もまだ十分に残っていると言うべきだろう。というのも、夫に相談せずに注を書き込むという行為は、自分の判断に自信がなければできることではない。そしてマリー・アンヌにはそれが欠けているのだ。この「自信」をも含めて実力と見なすなら、彼女は注の真の作者とは言えないだろう。しかしこれらが夫妻の合意のもとに「翻訳者注」として印刷されたということもまた事実なのだ。

もちろんラヴワジエ夫人は新化学キャンペーンに参加することに喜びを感じてはいたし、ラヴワジエの仲間たちもまた、彼女を自分たちの心強い味方として遇したのは事実である。たとえばギトン・ド・モルヴォーにソシュールのフロギストン放棄を喜んで伝え、フロギストン派の抵抗に対抗する新しい翻訳の計画について「主体的」に語るとき、マリー・アンヌは明らかに自分の役割を楽しんでいた。

ソシュール氏が即刻フロギストン説の放棄宣言をしたばかりだという手紙をくれたことをお知らせします。この学者が正しい学説に戻れたという幸福は、カーワンについての貴方の覚書のおかげです。イギリスでは彼ら〔フロギストン論者〕はまだ屈服していないように見受けられます。というのも、ケイル氏がフロギストンに関する本を出す予定とか。思うに、私がそれを翻訳し、貴方がそれに反論するまでもないでしょう。(CL, N.1092. 強調は引用者による)

ここでの自分に対するラヴワジエ夫人の位置づけは「翻訳者」である。しかし「反論するまでもないでしょう」と言い切っているあたりに、単なる語学のエキスパートだけではないという自負がほの見える。にもかかわらず、その底につねに「小娘でしかない」という感覚がついてまわっていたこともまた事実なのだ。

ラヴワジエ夫人は「真剣な学問」に参加し、学問的能力で評価されたいと願っていた。しかし最後まで、化学のなかでは本当の意味での自尊心をもつことができなかった。それではほかの「真剣な学問」分野である絵画や経営関係の才能を伸ばせばよかったのでは、という向きもあるかもしれない。じつのところ、マリー・アンヌの「本当の才能」あるいは「本当の興味関心」は絵画だったかもしれないし、経営だったかもしれない。あるいはまったく別のことだったかもしれない。しかし、このような問いはこの状況では無意味である。というのも、のちに未亡人となった彼女が書いた夫の抄伝を見ると明らかだが、そこで彼女がラヴワジエの業績としてもっとも高い評価を置いているのは化学である。これこそが夫の名声を不朽のものにする、つまりそれに付随している彼女自身の価値を決めるものなのだ。当時の女性の常として、ラヴワジエ夫人は自分の価値を傍らの男（この場合は夫）の価値と切り離せなかった。だから彼女にとってもっとも重要な「真剣な学問」は化学でしかあり得ないのだ。つまりラヴワジエが化学を「選んだ」ことと、ラヴワジエ夫人が夫の化学研究の協力者であることを「選んだ」ことは、同じ「選ぶ」でもまったく意味が違うのだ。

こうして夫が主導した新化学への参加協力は、ラヴワジエ夫人に「哲学的サロンの才女」を超える学問理解の機会と、知識人界からの幅広い賞賛を与えた。彼女はこれを享受し、そのことを誇りにしていたが、その心の底にはつねに、先に述べた自尊心の欠如が横たわっていたのである。

愛か戯れか――ラヴワジエ夫人とデュポン

ここで、このマリー・アンヌの自尊心の欠如という問題に関して、重要な証人となるある人物と彼女との関係について考察してみたい。その人物の名前はピエール・サミュエル・デュポン・ド・ヌムール。当時の著名なフィロゾーフかつ経済学者で(「重農主義」という言葉は、じつにデュポンの造語である)、マリー・アンヌにとっては父のサロンの客人かつ夫の親しい友という、少女の頃からの知り合いであった。ちなみに、このデュポンの次男エルテール・イレネが、のちにアメリカに渡ってあのデュポン社を創立することになる。ラヴワジエ夫妻は、十三歳で母を亡くしたイレネをかわいがった。イレネはラヴワジエの後押しで火薬管理局で働くことになり、結果としてこのときの経験がデュポン社の基礎を築くイレネの科学知識を養うこととなった。

じつは父のピエール・サミュエルが、ラヴワジエとデュポン夫人の生前の一七八一年頃から十年ほどラヴワジエ夫人の恋人だったとする説がある。ところがこの説の真偽判定は非常に難しい。というのも、残っている史料が極端にかたよっているからだ。上の説はもっぱらデュポン側の史料、それもこの恋愛が終わったとされる時期よりあとの史料によって構成されたものなのだ。実情はこうだ。まず、ふたりが恋愛関係にあったとされる時期の手紙は双方ともにほとんど残っていない。それに関する第三者の証言もない。次に、一七九〇年以降ならばデュポンがラヴワジエ夫人に宛てた恋文《ラヴ・レター》のような手紙、あるいは彼が夫人への未練を息子に訴えた手紙など、デュポン側の史料はかなり残っている。ただしそれに対応するだけのラヴワジエ夫人の手紙が残っていないし、辛うじて残っているものには、この恋愛を確証するような文章がない。この問題については、二人の手紙の量も調子も、あまりにも違っているのだ。結論として、デュポンがラヴワジエ夫人を熱愛していたのは確実だが、彼女が同じ調子で応えていたとは思えない。恋愛はなかったという証拠もないが、それが情熱的な恋愛だったかという問いには、少なくともマリー・アンヌを主役として見る限り「ノー」と言わざるを得ない。

ただ、情熱的ではなかったにせよ、もしかしたらラヴワジエ夫人は、仕事中毒気味で淡白な夫（ラヴワジエはその生涯でただひとりの愛人も知られていない、十八世紀の著名人としてはきわめて珍しい男性である）との関係で満たされなかったものを、一時期、デュポンとの関係に見出したのかもしれない。

デュポンはラヴワジエとは正反対の陽気で外交的な人物だった。反面深いトラウマがあり、複雑な性格の持ち主でもあった。彼は赤ん坊だったときに最初の乳母の家で餓死しそうになり、二度目の乳母のところで患ったくる病のせいで関節に障害を残した。しかも五歳のときの事故で鼻の骨が砕け、顔に後遺症を残した。それだけではない。十代で天然痘に患って死にかけ、右目の視力を失った。だから人一倍「美」には敏感だった。しかも唯一の理解者であった美しく教養のある母親は、彼が十六歳のときに亡くなってしまう。そんなデュポンが、誰よりも雄弁かつうっとりするような調子で、亡き母を偲ばせる若く美しく聡明なマリー・アンヌをほめちぎったのは確実だ。革命後の手紙のなかでも、彼は彼女の知性と美を絶賛しているのだから。だから彼女がデュポンの訪問を心待ちにしていたとしても不思議はない。恋愛感情の有無はともかく、マリー・アンヌはこの二十歳ほど年長の男性に、感情的な面でも知的な面でも大いに頼っていたのは事実である。ふたりは手紙のなかで甘えた感じでお互いを「パパ」、「私の娘」と呼びあっている。このような態度はまさに、彼女が「父の娘」だったことの証拠であり、「真剣な学問を尊重する」という父ポールズの期待に忠実であった娘がたどりついた、もうひとつの心理的帰結だったのかもしれない。

本書でこの話が重要なのは、それが化学革命と交わる場面があるからだ。そのひとつが『フロギストン論考』仏訳作業である。このとき、デュポンがラヴワジエ夫人の序文を推敲したかのような彼の手紙が残っている。そこで彼は「そうら貴女の序文だよ、大切で愛しい私の子供。私はこんなふうに書き換えたけれど、それを貴女がさらに訂正したり書き直したりするといい。さっき手に入れたばかりのズアホウジロ〔美味な野鳥〕を何羽かこの手紙に添えます。何かほかに私が貴女や私の友〔ラヴワジエ〕のお役に立てることはありませんか」(Poirier, 2004, p.76) とマリー・アンヌに語りかけている。この手紙はどう解釈すればいいのだろう。いったいラヴワジエ本人はこのことを知っていたのだろうか。

ラヴワジエ夫人の序文については、それが彼女のオリジナルなものか、それとも彼女は夫の思想の単なるメッセンジャーなのかという問いがいつもなされるのだが〔デュ・シャトレ夫人の章でも見たが、傍らの男性が偉大であればあるほど一般に女性の仕事が男性の側に吸収される形で解釈される傾向が強い〕、このデュポンの手紙はむしろ、序文における彼女のオリジナリティを証明する史料ではなかろうか。このときのラヴワジエが『フロギストン論考』仏訳・注釈計画のスタッフでもないデュポンに、わざわざ序文の添削を頼むだろうか。マリー・アンヌは陰でこっそりとデュポンに頼んだのではないのか。ならば少なくともこの行為は彼女の自発的選択だ。化学に関して妻は何もかも夫に従っていたわけではないのだ。

ただ、自尊心という問題から見逃してはならないことがある。時代は少し先になるが、ラヴワジエ夫人は夫の遺稿集を出版したときも序文を書き、やはりデュポンに相談している。こちらに関しては夫人の手紙も残っている。この本についてはラヴワジエには相談できないだけに、未亡人の責任は重大である。緊張して当然だろう。しかしそれにしても手紙からうかがえる彼女の態度には主体性がない。マリー・アンヌは形容詞の使い方や名詞の選び方といった、内容よりも文法上の細かいことをいちいちデュポンに相談しているのだ。「文章がうまい」という同時代人の証言まである彼女が、そこまでデュポンに頼る必要があるのかと言いたくなる。この不自然さはどこから来るのか。

これがデュ・シャトレ夫人だったら、モーペルテュイのようなつれない男性の気を惹きたい一心で、むりやり添削という口実を見つけて相手との接触をはかった、などという可能性も考えられるが、ラヴワジエ夫人とデュポンとの関係では、惚れた弱みをもっているのは男の側なのだ。やはりラヴワジェ夫人は純粋にデュポンの助言がほしかったと見るべきだろう。なぜか。ここでこの一連のエピソードの背後にあるジェンダー問題について考えてみよう。

デュポンは当時サロンの寵児のひとりで、誰もが認める知識人だった。政府の要人だった時期もあり、加えての『百科全書』のパトロン兼秘書役、シュバリエ・ド・ジョクールの親戚という家柄でもある。つまりマリー・アンヌにとって、デュポンはラヴワジエにつぐ、「真剣な学問」におけるもうひとつの権威だったのだ。したがって彼女の純粋な国語能力だけを考えれば、デュポンへの執拗な添削依頼はいかにも不自然だが、ジェンダーの問題を考慮するならば、この不自然さこそが彼女の置かれた社会的、心理的立場を知る鍵なのだということがよくわかる。まず一般論として、知的な分野で活躍していても、女性は社会から公的存在と見なされていないために、公のことがらではとくに男性の権威に頼りがちだったということ。さらに、夫の助手として育てられたというマリー・アンヌの個人的経験はこの傾向を助長し、先にも述べたが自分を真剣な学問における二次的存在、つまり「生徒」としてしか考えられなくなっていたこと。これらの要因から、こと学問に関することでは、愛において優位に立っている相手にすら彼女は卑屈にならざるを得なかったのだ。ジェンダーという視点こそがここでのマリー・アンヌの態度の不自然さを説明できる。これは断じて彼女の個人的性向などではないのだ。

十八世紀の「子供」

最後に子供のことに触れておく、モリスの証言にもあるようにラヴワジエ夫妻には子供がいない。もし子供がひとりでもいれば、ラヴワジエ夫人の活動はまったく違ったものになっていただろうと思っているラヴワジエ研究者はかなりいる。しかしこの推測は、それがフランス革命以前の彼女の活動を指しているのなら容易には受け入れ難い。というのも、たしかに十八世紀後半はデュ・シャトレ夫人の時代である十八世紀前半よりも「母」役割が強調され始めたが、それが本当の意味で大貴族や大ブルジョアの家庭にまで浸透したのはもっとあとの話だからだ。この時代に母性を強調したルソーは流行したが、思想の流行と実際の行動の間にはずれがある。

ラヴワジエ夫人と同世代の才女、あるいは社交界の華と謳われた貴婦人たちの多くは子持ちであり——たとえばラヴワジエ夫妻とも知己だったネッケル夫人やその娘のスタール夫人など——、そのことが彼女たちの学問や社交生活、あるいは恋愛の妨げになった様子はみじんも感じられない。もちろんネッケル夫人が娘の教育に力を注いで、それがのちに才女と謳われるスタール夫人の基礎を築いたのは有名で、これはいかにもルソーの影響の強い十八世紀後半のブルジョア的態度である。しかしネッケル夫人は子育てだけをしていたわけではない。彼女はこれと同時に華やかなサロンを主催し、社会活動にも活発だったのである。デュ・シャトレ夫人の章で見てきたように、妊娠、出産による死や大病の危険、あるいは出産直前や産褥期における活動の中断はつねに存在したが、「子育て」がラヴワジエ夫人のさまざまな活動の範囲を狭めた可能性はほとんどない。仮に違いがあったとすれば、次に扱う、恐怖政治下や再婚、遺産問題に関する彼女の対処の仕方にこそそれがあらわれていたであろう。

2――『化学論集』の出版――ラヴワジエ未亡人の孤立

期待と幻滅――フランス革命とあるブルジョアジー一家の物語

以上に述べたように、自尊心の欠如に悩みつつも、ラヴワジエグループのなかで自分の居場所を確保していたラヴワジエ夫人であったが、ふたつめの革命であるフランス革命、とくに恐怖政治はこの生活を一変させた。

その初期は革命もラヴワジエ夫妻の生活を大きく変えることはなかった。政治経済的な役職で多忙だったとはいえ、ラヴワジエは一七八九年から仲間とともに『化学年報』を発行し、一七九二年には夫人がそこに『種々の酸の力』の翻訳を載せたりと、新化学を推進するためのふたりの活動はとぎれることがなかった。マリー・アンヌ自身、当初は革命を「直接に人類の幸福を目的としている企て、その成功はフランスにとってきわめて重要な意味をもつ企て」(CL, N.1106) として積極的に評価していた。

革命に対するこのような楽観論はラヴワジエ夫人だけの特徴ではない。ラヴワジエ自身もそうであったし、当時の開明的知識人の多くは革命の当初に同様の反応を示したのである。とくにブルジョア階級だったラヴワジエ夫妻は、革命が彼らに有利な合理的資本主義社会を到来させてくれると信じていた。だからこそラヴワジエは革命政府で多くの実利的な役割（度量衡の整備や教育改革など）を担い、それに積極的に取り組んだのである。しかし一七九三年一月二十一日、かつての国王ルイ十六世の首がギロチンにかけられたとき、革命は別の側面を見せ始める。民衆の味方と自称するジャコバン派による政情の急激な展開――いわゆる恐怖政治――が始まったのである。ラヴワジエはここで二重に不利な立場に置かれる。

まずラヴワジエが主導した新化学、彼が愛した科学アカデミーのニュートン科学的な路線は、「民衆的な」ジャコバン派が英雄視した「自然児」ルソーの愛する自然誌とはかけはなれていた。高度な数学的科学はエリートのものとして忌み嫌われた。こうして王立植物園は自然誌博物館と改名して存続を許されたのに対し、科学アカデミーは知のエリートの牙城として、一七九三年八月八日にほかのすべてのアカデミーとともに廃止された。かつてデュ・シャトレ夫人があれほど憧れた王立科学アカデミーはここに百年以上にわたるその歴史の幕を閉じたのである。このときのフランスには、「共和国に（エリート）学者はいらない」という雰囲気がみなぎっていたのだ。そうしてラヴワジエ夫人は、ダヴィドが、フールクロワが、夫が死守せんとするアカデミーに激しい攻撃をかけるのを見る羽目になる。最初にも述べたが、反ニュートンをかかげて科学アカデミーに拒絶された革命家のマラーが彼らに同調したのもこのときである。いまやラヴワジエグループの絆もばらばらだった。密告は日常茶飯事で、人びとの心は殺伐としたものになっていた。

次の問題は徴税請負人としてのラヴワジエの立場だ。この役職者に対する民衆の憎悪は激しく、革命裁判所もまた彼らと意見を同じくしていた。この制度自体は一七九一年に廃止されていたが、それで人びとの気がすんだわけではなかった。巷では「徴税官は莫大な税金を着服した」という噂が流れた。たしかにかつてはそういう者もいたが、皮肉にも革命時の役人たちは驚くほど真面目で、この噂は事実無根だった。しかし過去のいまわしい記憶と、旧体制全体への民衆の憎悪は大いなるいけにえを求めていた。もはや徴税請負人の逮捕、裁判は確実なものと思われた。事態を重く見たラヴワジエ夫妻は、同年八月に砲兵工廠の館を捨てマドレーヌ街の借家に隠遁する。間一髪だった。その三日後には当局がこの館に侵入してなかにあった書類を封印したのだから。そして十一月二十四日にまず十九人の徴税請負人が捕らえられてポール・リーブルの監獄に送られた。

仲間たちの逮捕にラヴワジエは激しく動揺する。亡命すべきか否か。しかしパリから脱出するのは至難の業だ。もし途中で捕まれば、命はないものと覚悟しなければならない。ラヴワジエ夫妻と夫人の父で同僚のポールズの三人は協議を重ねた。そしてなんと彼らは自ら出頭する道を選択する。徴税請負人全員が牢屋で協力して帳簿を整理し、正しい決算書を提出すれば、自分たちが私服を肥やしていないことは証明され、法廷で無罪判決が出るだろう、最悪でも裁判所が要求する金額を返済すれば釈放されるだろうと考えたのだ。いまだ彼らは革命に当初の希望の片鱗を見ていた。彼らは愚かだったのか。いや、これは当時の実直なブルジョアジーの一般的傾向でもあったのだ。むしろ貴族のほうがリアリストだったかもしれない。たとえばデュ・シャトレ夫人の甥でもあり、科学アカデミーの関係でラヴワジエとも知己だった宮内大臣のブルトゥイユ男爵（図17）などはとうの昔に亡命していた。

十一月二十八日、ラヴワジエとジャック・ポールズは出頭した。ひとり残されたマリー・アンヌの運命も平坦ではない。十二月には役人がやってきてマドレーヌのアパルトマンにあるすべての家具に封印状が貼られた。領地フレシーヌにある館も同様の憂き目にあう。しかも徴税請負人たちは比較的快適な牢屋だったポール・リーブルから追い出され、急遽牢獄に改装されたいごこちの悪い徴税組合事務所に

図17　宮内大臣ブルトゥイユ男爵（デュ・シャトレ夫人の甥）の肖像画（モニエ画，ティシュー美術館蔵）

移動させられる。彼らはとにかくも帳簿の整理に没頭した。これさえ完成させれば無実を証明できるということに最後の希望を託していたのだ。しかし形勢ははっきりと彼らに不利だった。このような雰囲気のなかでラヴワジエ夫人はしだいに追い詰められていく。夫と父の助命嘆願に走りまわったが、成果はなかった。彼女にできたことは牢にいる二人への面会や差し入れだけだった。だんだんやつれてゆく妻に対して牢獄の夫は「愛しい人よ。君は肉体的にも精神的にもずいぶ

ん疲れている。私はその苦しみを君と分かち合うことができない。〔…〕私の役目は終わった。でも君はまだまだこれから長い生涯を望むべきだ。みだりにそれを捨ててはならない」(Grimaux, p.276)と書き送った。

そんなときに、ラヴワジエだけを特別扱いにしようという裏取引の話がマリー・アンヌのもとに飛び込んでくる。デュパンという訴追官にそう懇願すればなんとかなるかもしれないというのだ。この話を進めてくれるよう彼女が腰を低くして懇願するだろうという大方の予想に反して、ラヴワジエ夫人はなんと交渉の最初から訴追官に対して高飛車な態度に出たという。たとえばグリモーの伝記では、このシーンが次のように記述されている。

彼女〔ラヴワジエ夫人〕は彼〔デュパン〕に同情を求めにきたのではなかった。それどころか夫人は、ラヴワジエはまったく無実の罪にとらわれていること、ラヴワジエを告発する人、その人こそ大罪人にほかならない、と宣言したのだ。「ラヴワジエの訴訟を同僚の人たちと別個に扱うようなことをすれば、ラヴワジエはそれを不名誉に思うことでしょう。人びとは徴税請負人の財産を目当てにその生命をとろうとしているのです。もし滅ぼされるものならば、彼らはみな一緒に死ぬでしょう。潔白な彼らはみな」。ラヴワジエ夫人のこの態度に激怒して、デュパンはそれ以降この事件に関するどのような申し出にも応じなくなった。(Grimaux, p.290)

この態度が高慢だったという者もいる。またポールズとラヴワジエの命の値打ちを同じと見るのはおかしいという意見もある。しかしそれは男社会の尺度を無批判に是とする態度だ。この逸話が事実としての話だが、いったい父は捨てても夫だけを救ってくれなどと頼めるものだろうか。それにそもそもこの話は事実なのだろうか。この話の出所は、ラヴワジエの科学アカデミー仲間の化学者、カデー・ガシクールの残したメモである。そしてそれしかない。しかもガシクールはその場にいたわけではないのだ。このメモは本当に信用できるのだろうか。

というのも、のちにこの時期のデュポンと彼女の関係のところでくわしく触れるが、ラヴワジエの死の前後における夫妻に関する証言や記述（それもとくにあとの時代の記述）には著しいジェンダーの偏りが見られるからだ。つまり「冷静な夫と感情的な妻」というきわめてステレオタイプな偏りである。しかるに、ラヴワジエ夫人自身の手紙や文書などから推定される恐怖政治終了後の彼女の態度は冷静かつ大胆である。いや、恐怖政治下であっても、ラヴワジエ夫人と大きな利害関係のない人間の証言は、彼女の冷静さを伝えている。最後には交渉が決裂したにせよ、社交の名手と謳われたラヴワジエ夫人が、交渉の最初からデュパンに対して高慢な態度をとったというのはあまりにも不自然ではなかろうか。もちろんこのような政治状況下では、どんな人間でも冷静ではいられないだろうが、革命期の彼女の態度がラヴワジエのそれとの対比で、誇張して後世に伝えられたのではないかという疑いは捨てきれない。

いずれにせよ、誰もラヴワジエを救うことはできなかった。彼は最後に移されたラ・コンシエルジュリーの牢獄から、妻ではなくいとこに向けて別れの手紙をしたためた。しかしこの手紙は、マリー・アントワネットの最後の手紙などと同様、宛名人には届かず、時の検察官フーキエ・タンヴィルの手に渡り、そのファイルにしまいこまれた。それにしても「私はかなり長い、ことにきわめて幸福な生涯を送りました。私の思い出にはいくらかの後悔、それからたぶんいくらかの誇りとがあるでしょう。これ以上何を望むことができるでしょうか。私が巻き込まれているこの事件のために、おそらく私は幸運にも老衰というものを経験することなしに生涯を終えることになるでしょう」(Grimaux, pp.297-298)という文章で始まるこの手紙には、ラヴワジエ自身の学者としての自負と、事実無根の罪で処刑される運命に対する悲哀とがきわめて冷静に述べられている。彼は最後の最後まで「科学者」の態度をくずさなかった。こうしてラ・コンシエルジュリーに移送された三日後、ラヴワジエは義父を含むほかの徴税請負人とともに革命裁判所に出頭させられ、まともな審議のないまま即日死刑判決を受け、一七九四年五月八日、断頭台の露と消えた。享年五十歳。かつての研究者仲間のラグランジュが「この頭を切り落とすのは一瞬だが、創りだすには百年かかる」と友の死を嘆いた。

この直前にただひとり残っていた兄を失っていたラヴワジエ夫人は、これですべての家族を失ったことになる。このとき彼女は三十六歳。しかもさらなる不幸が彼女を襲った。革命政府は徴税請負人の財産をすべて没収すると決定したのだ。しかもひと月後の六月には自身もとらわれの身となる。マリー・アンヌは知らなかったが、いまだ彼女に未練のあるデュポンもそのすぐあとに逮捕された。もうおしまいかと思われたそのとき、間一髪でラヴワジエ夫人はジャコバン派失墜の日であるテルミドール九日(一七九四年七月二十七日)を迎えたのだ。恐怖政治はついに終わった。しかしすぐには釈放されない。

当時の呼び方で言うならば、「女市民ラヴワジエ未亡人」であるマリー・アンヌは、この呼称で牢獄から革命委員会に自分の釈放を要求する手紙を書く。それはきわめて冷静で雄弁な手紙であり、具体的に理路整然と自分は無罪だと主張している。こうして六十五日間の拘留を終え、八月十七日、ついに彼女は釈放された。しかし財産は没収されたままであり、マリー・アンヌは身一つで今後のことを考えなければならなかった。とりあえず忠実な召使であったマスロの世話になる日々が続く。この召使は不安定な経済状態のなかで必死に女主人を支えたという。

しかしいつまでもこのままではいられない。マリー・アンヌは再出発を決意する。幸い『百科全書』の執筆者のひとりでもある有名なフィロゾーフ、モルレ師の書いた政治的パンフレット「家族の声」が一七九四年の暮れに出版され、徴税請負人の裁判の不当性に関して世論を動かしていた。この流れのなかで政府は、一七九五年三月に、処刑された徴税請負人の家屋敷への封印を解除する決定を下し、まもなく財産も遺族に返還されることになった。あわてたのはデュパンである。彼は徴税請負人を訴追した責任をとらされまいと、すぐさま自己弁護のパンフレットを出版する。マリー・アンヌはこれに激怒した。

ここからのラヴワジエ夫人の行動は敏速だ。彼女は残された徴税請負人の遺族を組織して、徴税請負人は無罪であり訴追官デュパンこそが犯罪人であるという文書を七月に出版した。印刷を請け負ったのはデュポン印刷社だ。この文書ではラヴワジエ夫人の名は二番目で、「ポールズ、未亡人ラヴワジエ」と署名されているが、作者は彼女だと言われている。デュパンは再び自己弁護を試みたが、ラヴワジエ夫人も黙っていない。デュパンへのさらなる攻撃文書を出版し、結局この年の八月にデュパンは逮捕される。マリー・アンヌが勝ったのだ。

しかし家屋敷などの不動産をとり返しただけでは本当の返還にはならない。ラヴワジエ夫人は忍耐強く、没収された動産、つまり自分や夫の本、家具、実験装置などを要求し、翌年の四月ついにその手に取り戻した。そのときの返還命令書には「不当に処刑されたラヴワジエの未亡人」という言葉が記されていた。こうして彼女は名誉も回復し、再び豊かになった。マリー・アンヌは恩人たちに気前よく振舞った。忠実な召使にそれ相応のものを与えただけでなく、モルレ師には、なんと金貨で百ルイ（二千四百リーブル相当）という、師がたじろぐような莫大な謝礼をしている。

こうしてサロンを再開したラヴワジエ夫人は、かつての友人たちを招いて現役の社交夫人として復活した。ラプラスやベルトレたちは喜んで彼女の招待を受け、自分たちとこの女性の再起を祝したのである。しかし彼女は恐怖政治時代の恨みはけっして忘れなかった。ラヴワジエが危機にあったとき、当時の政府であった国民公会のメンバーでありながら彼を助けようとしなかった仲間たち、たとえば、フールクロワ、ギトン・ド・モルヴォー、アッサンフラッツらに対しては、これ以降その門戸を固く閉ざしたのである。

デュポンの恋の終わり

じつは恐怖政治から徴税請負人の財産の返還までの期間のラヴワジエ夫人について、デュポンと息子のイレネの間に交わされた手紙のなかにかなりの記述が出てくる。デュポンは彼女の境遇を深く心配したのだが、自身が王党派と見なされたために革命政府に狙われていて（のちには獄につながれたため）会いに行けず、つねにもどかしい思いをしていた。彼は息子に宛てて、自分に代わって夫人の様子をうかがってほしいだの、夫人に関するどんなささいなことでも知らせてほしいだの、あるいはようやく夫人に会えたら態度が冷たいだの、借金の返済（印刷所の開業にあたって、デュポンは革命前に、ラヴワジエ夫妻に七万リーブルという莫大な借金をしていた。これはアカデミー正会員の年俸の二十倍を超える金額である）について苦情を言われただの、革命がなければイレネはラヴワジエ夫妻の財産を相続できたかもしれないのにだの、希望と現実をごちゃまぜにした手紙を多数書き残している。その多くは不安に満ち、絶望的で、相矛盾した激しい感情のゆらぎが見て取れる。たとえば次のようなものはその典型である。

たとえどれほどあの人〔ラヴワジエ夫人〕が私に自分の愛情を説明したいと望んだにせよ、また私の娘〔ラヴワジエ夫人〕に対する私の愛情が続くことを望んだにせよ、あの人の態度は、あの人自身が私に与えた痛みを和らげるにはほど遠いものだ。〔…〕あの人が美しく、健康で、裕福で、人望があり、知性にあふれ、機知と分別をたっぷり兼ね備えていたときにあの人に愛着を抱くことなど褒められるべき美徳でもなんでもない。いまやそれらの要素はすべて失われてしまったか、あるいは恐ろしく弱まってしまっている。いまや彼女は自分の犯した過ちと不運のもたらす道をたどり始めている。そしていまこそ私たちの長い友情のつけを返すときが来ているのだ。だから私はでき得る限りこの義務をまっとうしなければならない。たとえそれが自分の幸福に寄与しなくても、だ。(Dujarric, 1954, pp.221-222. 強調はデュポン自身)

要するにデュポンの言い分は、かつて美しく聡明だった女性がいまやその美点を失い、献身的に尽くしている自分に冷たいのが許せないということである。このころ彼はつねにラヴワジエ夫人を恩知らずのように描写しているが、第三者から見ればこんなことを延々と息子に書き送る彼の心情はほとんどストーカーじみて見える。ラヴワジエ夫人を愛し、その夫を尊敬していたデュポンは、彼らを救うこともできず、借金を返済するめども立てられない自分自身の無力さに絶望していた。この絶望に耐えられないがために、彼は彼女を批判してしまったのだろう。デュポンがラヴワジエ夫人に対する自分の無欲さを主張すればするほど、そこから透けて見えるのは彼自身のうしろめたさでしかない。

だからこのような史料のとり扱いにはとくに注意が必要だ。これはデュポンがマリー・アンヌに何を期待していたのかということを読み解く史料としては有効だが、彼女を知る史料としては距離を置いて分析しなければならない。このときのラヴワジエ未亡人が、「デュポンにとって」扱いづらい恩知らずの存在だったことは間違いないが、「マリー・アンヌにとって」のデュポンもまた、息子の面倒をみてもらったかつての恩を忘れて、彼女に借金を返済しようとしない恥知らずな存在だったかもしれないのだ。

ここには、先にも書いたが、訴追官デュパンとラヴワジエ夫人の交渉決裂のエピソードとのからみで重要な共通点がある。デュポンによるこの時期のラヴワジエ夫人のイメージは、牢獄での冷静なラヴワジエという伝説ときわめて対照的だ。彼もまた「冷静な夫」と「感情的な妻」というおきまりの図式のなかでラヴワジエ夫妻を記述している。しかしこれをまともに信じるとつじつまの合わないことが出てくる。第一は先に述べた、牢獄からのマリー・アンヌ自身の釈放願いに見られる冷静な雄弁さや、訴追官デュパンを徹底的に追い込む理路整然で断固とした行動との間に矛盾が生じるからだ。ここまで冷静で現実的に行動できる人間が、たとえ混乱した政治状況下とはいえ、そこまで感情的になるものだろうか。またデュポンの手紙とは対照的に、直接彼女に接する機会の多かったイレネの手紙のなかのラヴワジエ夫人は、むしろ冷静な人物として描かれている。彼は妻に対してははっきりと、(父の心配に反して)憔悴しているのはラヴワジエのほうで、夫人は元気だったからそれを父に伝えてほしいという趣旨の、念を押すような手紙まで残している。女性のステレオタイプにはまらないラヴワジエ夫人の態度に不安を覚え、感情的になったのはむしろデュポンのほうだったのではなかろうか。

ともあれ、どれほど期待に反する態度を見せられても、デュポンはラヴワジエ夫人への思いを断ち切れなかった。彼は彼女が財産を回復したのちにプロポーズする。ただしこの時点でも借金の返済はなされていなかった。だから多少の打算がなかったとは言えない。彼女の返事は「否」だった。失意のデュポンは昔からの知り合いでやはり裕福な未亡人だったポワーブル夫人との再婚を決断する。彼はなんとラヴワジエ夫人の拒絶のほとんど直後と言っていい一七九五年九月二十六日、このもうひとりの未亡人とあわただしく再婚する。おそらく彼はラヴワジエ夫人の拒絶を見越しており、ポワーブル夫人のことは前々から確実な再婚相手として念頭にあったのだろう。それでもデュポンはこの再婚に対してラヴワジエ夫人にうしろめたさを感じていたらしく、その気持ちをイレネに打ち明けている。彼は四年後の一七九九年の暮れ、息子たちの家族とともに新しい人生を求めてアメリカに移住した。ちなみに借金問題の解決ははるか先のことで、一八一五年に、デュポンがこの借金の担保にしていたフランスの地所が売れてはじめてラヴワジエ夫人への返済が完了する。

『化学論集』の出版——なぜセガンは拒絶されたのか

しかしこの間もラヴワジエ夫人は科学のことを忘れていたわけではなかった。彼女は一八〇五年に、夫のやり残した仕事、おもにラヴワジエとセガンの残した論文をまとめて『化学論集』として出版したのである。これは逮捕されてもなお、ラヴワジエが獄中で校正を続けていた、いわば絶筆だった。財産を取り戻した未亡人は、セガンに協力を仰いで一七九六年頃からこの編集作業を再開した。しかし主亡きいま、とてもラヴワジエが望んでいた形にするのは不可能だった。そこでとりあえず印刷されていた分だけを二巻本にまとめて出版することにして、彼女はセガンに序文を頼んだ。しかしその内容が原因でこの共同作業は決裂してしまう。従来の説では、セガンの序文がラヴワジエの死の責任追及に対して手ぬるいと感じ、夫人が書き直すように要求したが入れられず、ものわかれになったと言われていた。しかし近年、むしろ主要因はラヴワジエ夫人が『化学論集』でのセガンの役割を過小評価したことで話がこじれたためとの説が有力となっている。

ラプラスやドゥランブルたちラヴワジエのかつての仲間が、彼女にわざわざセガンの価値を保証までしたが、マリー・アンヌは譲らなかった。協力者を失った彼女はしばし出版計画を中断した。原稿はそのまま埋もれてしまうかと思われたが、一八〇五年に出版された巻の『方法論的百科全書』で、かつての仲間でラヴワジエ夫人がいまや敵と見なしていたフールクロワが執筆した化学に関する記事が彼女の勇気を奮い起こした。そこでフールクロワは新化学の創始者としてのラヴワジエの価値を過小評価しているかのような記述をしたのである。マリー・アンヌは『化学論集』の出版を決意する。

しかし化学に関する協力者は誰もいなかった。科学的問題だけではない。じつはこの時点で存在した印刷済みの原稿は誤植だらけで、あるはずの図版もなければ索引もなく、とても本として完成した状態とは言い難かった。仕方がないのでラヴワジエ夫人はアメリカから一時帰国していたデュポンに頼る(一七九三年時点で原稿を印刷したのもデュポン印刷社)。こうして先にも書いたが彼に助けられて自ら序文の筆を執った。この序文に彼女がどうしてもフールクロワやセガンの主張を認められなかった理由の一端が垣間見られる。

一七九二年に、ラヴワジエ氏はこの二十年間にアカデミーで読み上げたすべての論文をまとめた選集を出版する計画を抱いていた。それは何がしかの方法で近代化学の歴史をつくることである。〔…〕

この選集はおよそ八巻からなるはずであった。ヨーロッパはなぜ彼がこれを果たせなかったか知っている。〔…〕

もし、残されたこれらの原稿のなかに、彼の行なったことに基づいて、彼に属するものとしての新化学理論を表明しているラヴワジエ氏の論文（第二巻の七十八頁）がなかったら、われわれはだらだらと作業を長引かせ、それらの原稿は世に出なかったであろう。

〔…〕

自分の暗殺計画が進められていることに無知ではなかったにもかかわらず、ラヴワジエ氏は、冷静に勇気をもって、科学に役立つと信じた仕事に従事し、もっとも恐るべき不安の只中にあって、啓蒙と美徳が保ち得る平静さの偉大なる手本を示したのである。（Lavoisier, 1805, I. 頁数なし。強調は引用者による）

この、第二巻の七十八頁から始まる論文でのラヴワジエの文章はあまりに有名で、伝記などでは必ず引用されるくだりである。つまり、ラヴワジエはここで「この理論〔新しい燃焼理論〕はしたがって、巻で言われているような、フランスの化学者たちの理論ではない。それは私の理論なのだ」（Lavoisier,

1805, II, p.87. 強調はラヴワジエによる）と書いている。しかし仲間との共同研究のなかから重要な発見がなされたのもまた事実である。だからこそラヴワジエはセガンとの共同論文のいくつかで彼を第一著者にしたのである。事実、革命政府に関係するさまざまな公務がラヴワジエを束縛しだしたあとは、実践に関してはセガンこそが研究の主たる担当者だった。ここから、セガンを軽視するラヴワジエ夫人の態度が傲慢で公正さに欠けると言う者は少なくない。自分だけが生き残った、という彼女のうしろめたさを考慮してもなお、「客観的」にはそのような印象をもたれても仕方がない。

しかし、ここでジェンダーというフィルターを考慮すると別の世界が見えてくる。ラヴワジエ夫人がことさら夫の偉大さを強調するのは、彼女がいまだに亡夫を盲目的に愛していたからでも（次に述べるが、このとき再婚話は決まっていた）、その研究内容がわかっていなかったからでもない。この「傲慢さ」こそが、彼女の人生にとってのラヴワジエの占める位置の大きさ、言い換えれば自分のアイデンティティが、「偉大な学者であるラヴワジエの妻」という点に集約されていたことの証明である。それは少女の頃から強烈に植えつけられたペルソナであり、もはや本人との分離は不可能であった。そしてこれは、そもそもマリー・アンヌ・ポールルズ・ラヴワジエという個人の個性の問題などではない。

ラヴワジエの男の仲間とラヴワジエ夫人の立場は決定的に違うのだ。彼女には彼らのような独立性は存在しない。なぜなら一般的に女の価値はもっぱら傍らの男（夫、父、恋人、兄弟）の価値で評価されたからである。これが端的に示されるのが結婚による身分の変化である。のちにラヴワジエ夫人自身が経験するが、ブルジョアの彼女でも、伯爵と結婚すれば伯爵夫人となって貴族になれる。しかし伯爵令嬢が平民と結婚すれば彼女は平民になってしまう。サロンの女主人が有名な学者や芸術家（そのほとんどは男性）を招くのにやっきになったのも、彼女たちの価値を決めたのは結局彼らだったからである。

したがって、ラヴワジエ夫人によるラヴワジエの偉大さの強調とセガンの軽視は、夫の価値の問題というよりも、女である自分自身の価値の問題なのである。だからこそ少しの妥協も許されない。ここを譲ってもほかが残るという「もてる者」の余裕は、ジェンダーの非対称性が当然であった当時の女性には手の届かない世界である。たとえば、科学アカデミーの懸賞論文に修正を加えたいと言ってもめごとを起こしたデュ・シャトレ夫人の態度も、この話と通じるところがある。ほかに自分を主張する機会のある人間ならば見逃せる「小さな」ことでも、そこにしか自己の価値を見出すことが許されない人間にとっては、それは「小さな」ことなどではないのである。

いまはギトン・ド・モルヴォー夫人となったかつての女友だち、ピカルデ夫人なら彼女の気持ちを理解できただろうか。しかしギトンとの交際を断ったいま、ラヴワジエ夫人には彼女と話す機会も失われていた。結局『化学論集』は未完成の状態で私的に出版され、ラヴワジエ夫人が選んだ一部の組織と人間のみに配られ、長らく一般に知られることはなかった。この本は千三百五十部印刷されたが（千六百という説もある）、数百部しか配布されなかった。じつは『化学論集』にはラヴワジエの科学思想の変化（化学をいかにして物理学的に見るべきかという問題）を知るうえで重要な論文が含まれていることがようやく最近になってわかってきた。この研究の遅れはそもそも、ラヴワジエ夫人によるこの本の配布の仕方に起因する。この本は長らく、読まれるためというよりコレクター用の本という扱いを受けたのだった。

しかしこの本はラヴワジエ夫人の評判を上げるには一役買った。たとえばラヴワジエ夫人の追悼文でギゾーは、夫人は『化学論集』を誰の助けも借りずに編集、出版し、そこに素晴らしい序文を書いたと賞賛している。ここにはセガンのセの字も出てこない。一八三〇年代にはこの話はこういうふうに解釈されていたのだ。そしてマリー・アンヌにこの評判を訂正する気がなかったことは明らかだ。じつはこの本の序文として、彼女はラヴワジエの抄伝形式をとった別のヴァージョンも用意したのだが、そこでもセガンの貢献は無視されている。これらのことからも、ラヴワジエ夫人がこの本で最重要と考えていたのは、夫の思想の普及よりも自分の価値の保守であったことがよくわかる。かくして後世はこの本を「ラヴワジエ未亡人」の愛と教養の証と見なしたのである。

3――革命が消した伝統――ラヴワジエ・ド・ラムフォード伯爵夫人の抵抗

もうひとつの愛

この同じ一八〇五年にラヴワジエ夫人の人生に重大な変革があった。数年前から恋愛関係にあった、ラムフォード伯爵との再婚である。この年代の一致は偶然ではなく、彼女は再婚の前に何としてでも最初の夫の遺稿集を出版しておきたかったのである。二度目の夫ラムフォード伯ことベンジャミン・トムプソンは、独立運動に際してイギリスに味方したために新大陸を追われた元アメリカ人であり、ヨーロッパではバヴァリア公に仕えて神聖ローマ帝国の爵位を授けられた科学研究者でもあった。ラムフォードは現在では熱運動論の提唱者として知られているが、当時はむしろ応用科学方面——工場労働者用の合理的な給食、暖房用ストーブの改良など——で有名だった。この男女はともに再婚である。しかもマリー・アンヌにとっては再び科学研究者との結婚であった。ラヴワジエと過ごしたような知的な日々の再現を夢見ていたのだろうか。しかしこの結婚は失敗だった。

ふたりの出会いは一八〇一年。ナポレオンが第一統領だった時期である。このときまでに学問界の流れは大きく変化していた。ジャコバン派の去った共和国政府は一七九五年、なんとアカデミーを国立学士院という形で復活し、科学を第一部門としたのである。かつての第一部門、アカデミー・フランセーズは科学にその座を譲ったのだ。生き残った旧会員たち、ラプラス、ラグランジュ、ドゥランブルたちはもちろんこの新しいアカデミーの会員に選出される。しかもナポレオンは科学好きで、彼の力が増すにつれ学士院科学部門の権威も増していった。ラプラスがナポレオンに寵愛されたことから、ラプラス流のニュートン主義が学士院の主流となった。変化はそれだけではない。政府は技術官僚養成のため、その同じ年にエコール・ポリテクニークという工科大学校を設立する。ここでは基礎から応用へという首尾一貫した科学教育がほどこされ、とくに化学実験のやり方ではラヴワジエグループの方法が採用された。もちろん生き残ったラヴワジエの仲間たちがそこで教鞭をとったのだ。

このような時期にパリを訪れたラムフォードは著名な学者としてあちこちで歓迎され、ついに十一月十九日、ラヴワジエ夫人のサロンに招待されることになる。このとき彼女はアンジュー・サント・ノーレ街の豪奢で広大な邸宅で暮らしていた。このサロンには著名な学者だけでなく、タレーラン、バルベ・マルボワといった政界、財界の重要人物も招待されており、フランスの上流社会や学士院に食い込む野心のある者には魅力的な場所だった。ラムフォードはのちにナポレオンに対するラヴワジエ夫人の政治的な働きかけのおかげで、学士院の外国人会員となり、パリに移住する許可もとりつける。

ともあれ、ラムフォードとマリー・アンヌは初対面から互いに好意をもったらしく、彼はしげしげと彼女の館を訪問した。ラムフォードの日記によると、その頃のラヴワジエ夫人は自宅の一室に亡夫の実験器具を展示しており、しばしば客人に見せていたという。この部屋に関しては複数の証言があって、みな一様に、その部屋に入った瞬間ラヴワジエの亡霊に見られているような気分になったという。訪問のごく早い時期に、彼がフランスでは落ち着いて研究できないとこぼすと、夫人が「私の館にいらっしゃればよろしいのですよ。貴方は実験をなさいませ。私は記録をとりましょう」(Sparrow, 1958, p.20) と言ったとラムフォードは書き残している。この話の真偽のほどは不明だが、再婚にあたってマリー・アンヌがそういう気分でいたことは確かだろう。というのも、再婚後の生活のために行なった館の改装工事で、彼女は自分の書斎とラムフォードの実験室を専用の階段でつなげさせているのだから。この結婚によってマリー・アンヌは夫の秘書としても活躍したいと思っていたのだ。だがこのもくろみは大きく外れることになる。

マリー・アンヌはもはや、尊敬を込めて自分の夫を眺めていた少女ではない。ラムフォードのほうも、妻と学問を分かち合うことを当然と思うような人物ではなかった。ラヴワジエ夫人は革命を切り抜けてきた女丈夫であり、ラムフォードは自力でのしあがってきた野心家の新大陸人である。どちらも相手に譲るような性格ではなかった。不和は結婚後すぐに始まった。

不和のきっかけとしてよくあげられるものに、マリー・アンヌがこの結婚に際してつけた条件のひとつ、複合姓の問題がある。彼女はラヴワジエの姓を捨てたくなかった。それこそが彼女のよりどころであり、十三歳の頃からの人生と分かちがたくつながれていたからである。これに関してギゾーが次のように記述している。

彼ら〔ラムフォード夫妻〕の性格は折り合わなかった。青春の只中にあるときにのみ、甘やかな幸福のなかで独立の喪失を簡単に忘れられるのだ。微妙な問題が生じ、怒りが芽生えた。再婚するにあたり、ラムフォード夫人は自らをラヴワジエ・ド・ラムフォード夫人と名乗ると結婚契約書のなかに断固として明記したのである。ラムフォード氏はこれに同意したが、気を悪くした。彼女は譲らなかった。一八〇八年に夫人は次のように書いている。

ラヴワジエの名を絶対に捨てないことは私にとって義務でもあり、宗教とも言えることなのです。もし私がラヴワジエ氏に対する私の尊敬の気持ちを示す公的な証書と、ラムフォード氏の寛大さの証拠を残そうと思わなかったなら、私はラムフォード氏の約束を信頼しているので、わざわざ彼と、市民法に基づいた契約のなかの一項目をつくったりはしなかったでしょう。（Guizot, pp.29-30）

つまりこれは正式な契約なのだ。ラムフォードは妻がラヴワジエ・ド・ラムフォード夫人と名乗ることを認めた。こんなことで莫大な持参金や彼女のもっている人脈がもたらす利益をふいにはできなかった。アメリカに置いてきた娘に宛てた、この時期のラムフォードが書いた手紙からは、彼がラヴワジエ夫人をどう見ていたかだけでなく、彼の人間観そのものが非常によくわかる。

彼は娘のサリーに、ラヴワジエ夫人は「子供のいない、いたこともない未亡人だ。年はだいたい私と同じくらいで、とても健康で、社交界では非常に愛想のよい女性で、自分の自由になるかなりの財産をもっている。この人の評判はまったく申し分のないもので、そのうえすばらしい邸宅を維持している。しかもそこには当代随一の哲学者や、科学や文学の世界で傑出した人びとがいつも集っている。この未亡人はまことにけっこうな存在なのだよ。…この人はとても頭の回転が早い〔原語はclever〕（この言葉の英語の意味において、だ）。一言で言えば、この人はもうひとりのレディ・パーマストーン〔ラムフォードのこの直前の時期までの愛人〕なのだよ」（Brown, p.266）と説明している。

ラムフォードはじつに筆まめで、自分の恋愛や家庭生活について事細かに（それはラヴワジエ夫人の邸宅の広さや、客の様子、資産の額やその内訳などにまで及んでいて、驚くべき細かさである）娘に報告している。ラヴワジエ夫人に対しても、たとえば恋愛時代だった一八〇二年だけで三百通あまりの手紙を書いている。筆まめという点ではラヴワジエと似ていなくもないが、自分の感情的なことを延々と語るその語り口は、心の内をけっして書き残さなかったラヴワジエとはきわめて対照的である。ともかくも、この複合姓問題はずっと彼の心にしこりとして残った。ラヴワジエの偉大さは彼にはわかりすぎるほどわかっていた。それだけにこの複合姓は屈辱でもあったのだろう。

ラヴワジエ・ド・ラムフォード夫人——雌ドラゴンか?

こんなことを言うのは心苦しいのだが、日が過ぎてゆくほどにラムフォード夫人と私自身の性格やもともとの好みというものが完全に正反対で、われわれは結婚しようなどと考えるべきではなかったのだという確信が増してゆくばかりだ。〔…〕ふたりともにあまりにも独立心が強すぎるのだ。〔…〕私はあの女を雌トラゴンだと思って接している。これでもあの女には親切すぎるネーミングだと言っていい。〔…〕もし戦争が激しくならなかったら、あるいはもしわれわれがイタリアに行っていたら、これらのいろいろと難しい状態も先送りにされていただろうけれどね。というのも、あの女はその国のすばらしさをたびたび私に聞かせていたし、昔に私と一緒にスイスを旅行したとき、あの女はとても幸せだったので、私と一緒に死ぬほどイタリアに行きたがっていたのだから。

(Duveen, 1953, p.24)

これは結婚一周年の日にラムフォードが娘に書き送った手紙である。ここで注目してほしいのは旅行という問題である。デュ・シャトレ夫人の章でも見たように、女性と旅行というのは典型的なジェンダー問題だ。有夫の女性は一人では旅行できない。だから夫と不和になったマリー・アンヌにとって、このイタリア旅行がふいになったことの無念さはひとしおだった。かつて再婚に再びの夢を託していた頃、ラムフォードと二人で旅行したスイスの素晴らしい情景が心をよぎるにつれ、現在の殺伐とした生活とのギャップが彼女を苦しめた。実際、彼女が一八〇三年にスイスからデュポンに宛てて書いた手紙には未来に対する明るい希望が満ち満ちている。また、旅行のすぐあとにスイス人物理学者ピクテに宛てた手紙にも、幸せな旅行の余韻がただよっている。当時の彼女は心の底からラムフォードとの恋愛に満足していた。ラムフォードも同様で、つねに金勘定を忘れなかった彼ではあったが、それだけではない心の弾みが、恋愛時代あるいは結婚直後の彼の手紙のすみずみから伝わってくる。この二人は互いの妥協なしに、本当にこの再婚がうまくいくと信じていたのだ。だからそれが幻想だと気づいたとき、どちらにとってもその衝撃はひとしおだった。

夫妻は互いに口をきくことすら嫌になっていたのか、年代は不明だが、マリー・アンヌからラムフォード宛ての「せめて貴方にとって完全にどうでもいい女性に対する程度の礼儀でもって私に接してください」と書かれた手紙が残っている。ラムフォードはこれに「奥様、妻というものには自分の夫を侮辱したり、世間にあからさまなように夫の名誉や『権利』というものを軽蔑してみせることなど許されてはいないのですよ」(Blatin, p.107) と返した。ここまでくると関係の修復は不可能だ。彼女は彼の態度が野蛮だと主張し、「女性としての尊厳を傷つけられた」として最後には審判を申し立てることになる。しかしこの再婚のために本拠地バヴァリアを捨ててパリに移住したラムフォードにしてみれば、この予想外の状況を周囲にこぼさずにはいられない。だがこんな野暮な告白はパリ社交界のルールに反していた。夫妻の不和がゴシップのネタになるのに時間はかからなかった。

この不和の様子については同時代人の証言も残っている。真偽のいかんは別にして、パリ社交界の人びとにとって、この結婚は最初から奇妙なものに映ったことだけは確かだ。彼らが一様に記しているのはラムフォードの野蛮さであり、伯爵というその身分にもかかわらず、彼はパリでは田舎者として扱われていたのであろう。それなのに、社交界で有名な裕福な未亡人が、錚々たるヨーロッパ人男性の求婚者（デュポンや、イギリスの化学者ブラグデンなど）たちを拒んで「アメリカ人」を選んだのだ。このことが当時のフランス人男性のプライドを著しく傷つけ、不和の噂を増幅した原因のひとつであろう。たとえば、かつて夫人と家庭教師を共有していた昔馴染みのフレネリー男爵は次のように書き残している。

ラヴワジエ夫人は二番目の夫を見つけたいと思っていた。その男は夫人にとって、地位を失わないために高名でなければならず、家庭に調和が保たれるためには哲学者でなければならないのだった。〔…〕ペンシルヴァニアを追われた化学者で博愛家のラムフォード氏は、〔…〕五〇歳ぐらいの立派な男で相当気品のある風貌をしており、アメリカ人のようにそっけなくて粗野で、共和国軍兵士のように尊大で居丈高だった。それにバヴァリアの爵位と勲章がつけ加わっていた、というのもそもそも財産と言えるものは、この綬と、称号と、かまどとスープ以外何ひとつなかったのである。ラヴワジエ夫人は伯爵に会ってこう言った。「これは私のための男性だわ」。彼女にとって不幸なことに伯爵はこうは言わなかった。「これは私のための女性だ」とは。彼は彼女がのぼせるままにさせておき、次いで彼女を苛立たせ、そして崇拝させ、再びドイツへと旅立った。〔…〕彼は、ヒロインがみにくく、年老いていて、かなり太りぎみだからこれほどの財産を無視するというのだ。そんなことはパリでは誰も信じない荒唐無稽な話だった。〔…〕あふれんばかりの〔ラヴワジエ夫人の〕愛と捧げものに心打たれた伯爵は、彼女が自分のふたつの名前の栄誉を守り、自分のことをラヴワジエ・ラムフォード伯爵夫人と名乗ることに承諾して、彼女と結婚したのであった。これはふたりの夫がいる女性であった。（Frénilly, pp.282–283. 強調は引用者による）

ここでも明らかなように、複合姓は実家と婚家のものでない限り（ポールルズ＝ラヴワジエのような）、当時の常識とは相容れないものだった。だから、マリー・アンヌが何と署名しようとも、彼女をラムフォード夫人としか呼ばない人びとは多かった。フレネリー男爵の皮肉な筆はまだまだ続く。

伯爵は〔妻に対する〕自分の不満をみんなにしゃべってまわった。彼はパリっ子にとってきわめて滑稽だった。というのも大真面目でいろいろな夫婦間の法律をふりかざすのだから。〔…〕伯爵に対抗できるものとては、慣習やしきたり、礼儀作法といったものしかなかった。彼は、たぶんたったひとつのことを除いては、あらゆる権利を行使すると言い張った。〔…〕おしまいにはこの喜劇〔夫婦喧嘩の果てに夫が妻を自宅に監禁したという事件〕は二、三カ月の間パリ中の話題になり、終わるべくして終わった。ラムフォード氏は金のことで聞き分けた。〔…〕夫人が多く支払うことでけりをつけたのだ。暴君は立ち去った。彼はそれっきり姿を見せない。そして彼女は三、四十万フラン失って、名前をひとつ余分にくっつけて、生きている夫の未亡人として過ごしたのである。（Frénilly, pp.283-284. 強調は引用者による）

また、書かれた時代は下るが次のような証言もある。ここでも複合姓のことが皮肉な調子で話題にされている。

幸福な兆しで始まったラムフォードの家庭は、まもなく深刻な仲違いをするようになった。ラムフォード伯爵夫人は、この二番目の夫が死ぬやいなや誇り高い調子でその称号を使うようになったが、夫の生前はそんなふうに呼ばれることを好まなかった。彼女は、この二度目の夫の意志にもかかわらず、自らラヴワジエ・ラムフォード夫人と名乗ることを主張したのだった。〔…〕彼は妻を、アンジュー・サント・ノーレ街の自宅の二階に閉じ込めたので、この極端な残酷行為は当時の全パリの社交界に知れわたった。

ラムフォードは自分の非を認めようとはせず、妻のそればかり言い立てた。一八〇八年の四月十二日に愛しい〔娘の〕サリーに宛てて次のように書いている。

私は、この世で考えられる限りにいばっていて、独裁的で、残酷な女と結婚するという不幸に見舞われた。〔…〕

この手紙を書いた数日後に別離は成立した。(Guillois, pp.241-242)

ラムフォードにとって、恋愛中には、自分の業績を理解する科学知識と、それをフランス政府に売り込めるだけの政治力のあったラヴワジエ未亡人は頼もしい存在だった。しかしいったん妻となっては話は別だった。結局のところ、彼にとって家庭とは「主人である夫の安らぎの場」であり、妻とはそれを用意する「役割」でしかなかった。妻が実験室に入りたがることも、自宅のサロンを仕切りたがることも、彼には我慢できなかった。とくに、才女を崇拝するフランスの社交界の伝統はこの元アメリカ人にとって無縁のものであり、理解の及ぶところではなかったのだろう。この、フランスの社交界とヨーロッパのほかの国、とくにラムフォードを伯爵に任命した神聖ローマ帝国のそれとの違いを明白に物語る話として非常に面白いエピソードがある。革命前の話だが、ラヴワジエ邸で催された余興について、ドイツ人化学者のクレルが驚きを込めて次のように書き残している。

昨日私は、私のようなドイツ人にはたいへん奇妙で、まったく予想だにしなかった催し物を目撃することになり、心の底から驚きました。それというのも、あの有名なラヴワジエ氏の砲兵工廠の館で、フロギストンを火あぶりにするという儀式が執り行なわれるのを目撃したからです。そこでは彼の夫人（この女性は化学についてきわめて博識で、かなりの化学文献を翻訳しています）が、神に犠牲をささげる女司祭の役を演じておりました。そこにシュタール役の人物が、フロギストンを守るために「悪魔の弁護人」として登場します。しかし、あらゆる弁護のかいなく、かわいそうなフロギストンは、酸素を批判したかどでお終いには火あぶりにされてしまいました。どうかみなさん、みなさんを面白がらせるために私が作り話をしているとは思わないでください。これらはみんな、文字どおりに本当にあったことなのです。（CL, N.945, note 5）

要するにラヴワジエ夫妻とそれをとりまく世界にとっては、こういった余興もまた「哲学」の一部であり、彼らの知的生活を形づくる重要な要素だった。しかしこのような雰囲気はきわめてフランス的なもので、一般のドイツ人にはついていけない世界だった。アメリカに生まれ、いったんはドイツを安住の地と決めたラムフォードに、このような雰囲気をわかれというのはどだい無理な話なのだ。

マリー・アンヌにとって必要不可欠なこの手の社交は、ラムフォードにとっては静かな私生活を妨げる騒音でしかなかった。ラムフォードの娘であるサリーは、どちらを責める様子もなく、「このふたりの不和は、性格と財産の独立から生じたに違いありません。ふたりともいつでもずっと、自分たちのしたいようにしつけていたのですから。このふたりは求めるものが違うのです。父は自分の実験が好きでしたし、夫人は社交を望んだのです」(Duveen, 1953, p.26) と書き残している。サリーがこれを書いたとき、ラムフォード夫妻はすでに離婚していた。それまで父から夫人の悪口をさんざん聞かされており、しかも父と仲が悪かったわけでもないサリーがこのような書き方をしていることは注目に値する。長い間父と離れて暮らしていた娘には、父と義母の美点も欠点もともによく見えたのだろう。

しかしこの発言にはもっと希少価値があるのだ。お気づきだろうか。これ以外のラヴワジエ夫人に関する当時のすべての証言は男性の手になるものだ。今後もこの傾向は変わらないだろう。これが歴史資料の現実である。われわれはここではじめて女性の視点からラヴワジエ夫人が語られるのを聞くのだ。しかもサリーの語り口は当時のほかの証言と大きく異なっていることに注目しなければならない。というのも、未亡人になってからのラヴワジエ夫人に関する男性たちの証言は、先のふたつのようにきわめて意地の悪い視点で語るか、あるいはギゾーのように徹底的に美化するか、極端なものが多い。しかもそこには明らかなジェンダーの非対称性が存在する。つまり、礼儀作法を知らない「ラムフォードは許せない」。しかし正面きって夫に逆らう「ラヴワジエ・ド・ラムフォード夫人もまた許せない」というものである。モリエールの戯曲をつらぬく、女性の不服従に対する男性の怒りは生きているのだ。そもそもラムフォード自身も、「われわれはふたりとも独立心が強すぎる」と、一見けんか両成敗のようなことを言いながら、自分のそれはかまわないが、妻のそれは認めないという立場をくずさなかったのだから。こうして彼らは、ラヴワジエ夫人を「悲劇の未亡人」か「野蛮な年下の男性と再婚したおろかな金持ちの年増女」かのどちらかの型にはめて、彼女の主体的な野心の存在を否定して、自らの安心を得ようとするのである。しかもこの傾向は現在までも続いており、男性によるラヴワジェ研究の隙間にふと顔を出すのである。

マリー・アンヌにはジェンダーの非対称性がもたらすこの仕組みを理解できない。彼女はパリ社交界の人びとが自分を非難することに傷ついた。巷ではラムフォード夫妻をからかう心ない戯歌までもがつくられた。彼女はかつての友デュポンに、どうしてこんなことになったのかわからない、いまの自分は誰にも愛されていないし、「魂の孤独という地獄のなかにいる」と嘆いた。互いの間にいまだ借金問題を抱え、プロポーズの拒絶という気まずい過去をもちながらも、革命前の幸福な日々の思い出を共有できる希少な友人として、ふたりはお互いを必要としていた。いや、新大陸とヨーロッパというこの距離のおかげで、むしろこのふたりはついに冷静な友人同士になれたのかもしれない。この交際はデュポンの死の一八一七年まで続いた。

ともあれ、激しいいさかいと交渉の末、ラムフォード夫妻は一八〇九年に財産を分離して協議離婚した。ところが離婚のあと、ふたりの関係はむしろ穏やかなものになり、ふたりはラムフォードの死まで、適度な距離を置いて付き合いを続けた。こうして自由になったラヴワジエ・ド・ラムフォード夫人は、そののちは社交に生きることとなる。ただ、先の証言にあるように、ラムフォードの死後マリー・アンヌは自分をラムフォード伯爵夫人と名乗った。これはラムフォードが望んでいたが、夫人が絶対に名乗らなかった呼称である。どうして彼女はこんな時期に彼の望みをかなえたのだろう。これは死んだラムフォードへの手向けなのか、それともいやがらせ（彼の目の黒いうちは彼を喜ばせてやらない）なのか。

少なくとも、「ラヴワジエ夫人」という彼女のアイデンティティも、この頃（ラヴワジエの死後二十年）にはかつてより薄らいでいたのだろう。

「驕慢な才媛の末路」という神話

ラヴワジエの同僚で辛うじて処刑を免れた元徴税請負人ドゥラントの孫が、晩年の夫人についてこう書き残している。よくラヴワジエ伝に載せられる一節である。

〔ラムフォード夫人の〕サロンに入って真っ先に目を引くもの、それは右手の羽目板にかけてある、画面の下部にダヴィドのサインのあるラヴワジエ夫妻の大きな肖像画だった。ラヴワジエ氏はルイ十六世の時代風の衣装をつけており、化学実験用の器具があるテーブルの前に腰掛けていて、その背後に、髪粉をつけて純白の衣装を身にまとった若きラヴワジエ夫人が、夫が座っている椅子に寄り掛かっているというものだ。

われわれ〔作者と兄〕はこのすばらしい肖像画に感嘆し切って暖炉のほうへと進んでゆく。と、小型のソファーの前に着く。そこには年老いたトルコ人のような人物が背をかがめて腰掛けている。この年寄りのトルコ人が、ダヴィドによって描かれた若く美しい女性の成れの果てなのだった。これが、男のような老年の姿態と、まったく奇妙な髪型と身なりをしているラムフォード夫人なのである。

〔…〕彼女はしばしば小型ソファーから突然に身を起こし、まるで男がするように暖炉の前に立ちはだかるのだった。靴下どめのところまでスカートをたくし上げると、平然とその巨大なふくらはぎを暖めた。しばらくすると彼女は慇懃にわれわれをひきとらせ、われらふたりはふたつ返事で了承するのが常だった。(Delahante, pp. 546–548)

なかなかグロテスクな場面であり、知性や美貌をかさにきた女の末路として、男性社会がこの手の女性を嘲笑するのに使った典型的な記述でもある。余談になるが、わが国でも小野小町や清少納言の晩年あるいは死後に関して、ことさら悲惨な伝説が残っているのは、これと同様の「女嫌い」の発想からきていると言えるだろう。ラヴワジエ夫人の外見に関しては、ダヴィドの絵や自画像からも美人であったことは推察できるが、なんと彼女は革命時に「パリの美人」リストに載ったこともある。彼女の晩年の外見に関する意地悪な証言の多くが、この若き日の美貌と関連していることは明らかであり、これも外見の価値に関する男女の非対称性(女のほうが男より外見を重視される)を物語るジェンダー問題のひとつである。しかし先の証言には続きがある。じつはこちらほうがここではずっと重要なエピソードである。

夫人はまた大晩餐会も開いていた。けれどもこちらは若すぎたおかげでめったに招かれることはなかった。それでもある日、ほとんど命令といった感じで招待状を受け取った。それは冬の庭園で催された内輪の晩餐会だった。内輪と言っても、招待客はたとえば、フランソワ・アラゴー氏、ドゥ・フンボルト氏、キュビエ氏とエコール・ポリテクニークの優秀な卒業生で貴族院で目覚ましい活躍をし始めた若きナポレオン・ダリュ伯爵だった。これら錚々たる人びとを眼前にすることで、われわれの若々しい想像力をかきたてることを狙っていたのだとすれば、夫人は的を外しはしなかった。この晩餐会のことはわれら兄弟の記憶から消えることはなかったのだから。(Delahante, pp. 548–549)

これは注目に値する証言だ。「これら錚々たる人びとを眼前にすることで、われわれの若々しい想像力をかきたてること」こそ、まさに十八世紀の哲学サロンの目的のひとつではなかったのか。これは十九世紀にも咲き続けた十八世紀のサロンなのだ。ここに晩年のマリー・アンヌの野心が隠されてはいないだろうか。再婚が最先端の科学研究を再び身近なものにさせてくれるのでは、という夢ははかなく破れたが、彼女はそれでも「真剣な学問たる」科学と、何らかのつながりがもちたかったのではなかろうか。少女の頃に偉大な化学者の妻となり協力者となったこの女性にとって、それはしごく当然の願望ではなかろうか。

もうひとつ、晩年のラヴワジエ夫人とそのサロンに招待されていたあるイギリス人女性との興味深いエピソードを紹介しよう。彼女の名はメアリー・サマーヴィル。ラヴワジエの仲間だったラプラスの

『天体力学』の解説書の作者である。サマーヴィルは一八三〇年頃のマリー・アンヌについて「ラムフォード夫人の最初の夫ラヴワジエは化学者で、フランス革命で処刑された。それで彼女は現在未亡人なのだが、二度目の夫と長い間別居していた」(Somerville, p.188) と書き残している。ラムフォードについては何の説明もない。結局この時点でも、ラムフォード伯爵夫人の本当の称号は「ラヴワジエ未亡人」だったのだ。サマーヴィルに対するラヴワジエ夫人の態度は非常にアンビヴァレントなものだった。つまり歓待したかと思いきや、サマーヴィルがラプラスやアラゴー(図18)などの注目を浴びていることに嫉妬して不機嫌になったりもした。このようなむら気はたしかに晩年のラヴワジエ夫人の特徴のひとつではあったが、のちにキャロライン・ハーシェルとともに女性初の王立天文学協会名誉会員になるような、自分個人の科学的業績をもつサマーヴィル――しかもこの女性は最初の夫の意に逆らって自ら科学を学び、二度目の夫にその学問を賞賛されたというラヴワジエ夫人と正反対の人生を送った――の存在は、マリー・アンヌにとってとりわけ嫉妬と羨望を引き起こすものだったかもしれない。

十九世紀の科学研究はどう変化したのか――拒絶された才女の伝統

ここで次のような声が聞こえてきそうである。そんなに科学に関わりたいなら、マリー・アンヌ自身が研究すればよいのではないか。莫大な財産を利用して、かつてのように自宅に実験室をつくればいいだろう、という声だ。しかしこれはまず不可能だ。先に述べたように、ラヴワジエ夫人はあくまで助手だった。主体的に科学研究のリーダーになるような訓練を受けていない。

ではマリー・アンヌは再び誰かの協力者になれるだろうか。これも不可能に近い。妻を協力者に望んだ化学者ラヴワジエが夫だったというその条件のおかげで、彼女は先端研究に親しめた稀有な女性となれたのだ。たとえば当時の著名な学者であり、彼女の食客でもあったラプラスやベルトレ、キュビエといった男たちが、ラヴワジエ未亡人もしくは離婚したラムフォード伯爵夫人を、自分の協力者に選ぶだろうか。あるいは万にひとつ彼女がリーダーになりたいと思ったとして、かつてその夫の研究に協力したように、これら一線の研究者が、あるいはアラゴーのようなエコール・ポリテクニークの優秀な男子卒業生（女子は入学できない）が、どれほど資産家とはいえ、一女性の助手になってくれるだろうか。どちらの可能性も考え難い。たしかにラプラスやベルトレは彼らの科学サークルであるアルクイユ会にラヴワジエ夫人を快く迎えはしたが、それはもはやかつてのような本当の仲間としてではない。彼らと彼女の道は大きく変わってしまったのだ。

ここに至って、当時から現在に至るまでのラヴワジエ夫人に対する評価が、再婚の前後で大きく変わ

図 18　アラゴーの肖像画（スチューベン画，パリ天文台蔵）

る理由、要するに夫の生前には完璧だったそれが、再婚後になると極端に二分化する理由が明らかになる。つまり彼女がかつて賞賛されたのは「科学や語学、絵画などに長けていた」からというより、これらの才能をもっぱら「身近な男を支えること」に生かしていたからにほかならない。女が自分自身の野心を自覚して、そのために自分の能力を使いたいということが外に対して明らかになると、すでにデュ・シャトレ夫人の章で見てきたように、その女性に対する社会の評価は厳しくなるのだ。ごく一部の肯定的評価を除けば、その野心に気づいた人びとはその女性を非難し、その野心の存在を認識することすら自らに許さない人びとは、悲劇のヒロインとしてその女性に同情する。

皮肉な話だが、ラヴワジエ夫人自身がラムフォードとの恋愛時代に、野心的な才女であるスタール夫人の困難を見て（自分の学識を前面に出し、政治に関与したがったスタール夫人は、婦徳を強調したナポレオンの不興を買った。その後反ナポレオンに傾いた彼女はフランスから追放される）、「頭がまわりすぎると、男性よりも女性のほうが不幸になる」というジェンダーの非対称性に関わる見解を述べている。このとき彼女はラムフォードと過ごす、再びの幸福で知的な結婚生活を夢見ていた。まさか自分がスタール夫人と同じように、その性ゆえに、自分の知的野心を批判されるとは夢にも思わなかったろう。

こう考えると、かつての幼な妻が受け入れた役割、つまり、この章の最初で引用したデュシの詩に象徴されるような、（偉大な学者である男に）「霊感を与える女神《ミューズ》にして秘書」という役割が、ラヴワジエ夫人にとっていかに完璧な野心の隠れ蓑であったかということがよくわかる。デュ・シャトレ夫人が「自ら語り、自ら書く」と決心するまでに至る過程の葛藤や、そののちの彼女に対する批判を考えれば、大多数の女性がもっと安全な道を選んだとて、何の不思議があろう。「真剣な学問に敬意を払う」ことを重んじた「父の娘」は、たぶん無意識的にではあろうが、自分の才能を生かすにあたって、当時の社会のなかでその身分の女性にもっとも「ふさわしい」道を選んだのだ。これを単にマリー・アンヌの「自由で自主的な判断」ということなどできようはずがない。

結局、ラムフォードとの関係が破綻したとき、最先端の科学に関わるあらゆる可能性がマリー・アンヌの前から消えたのである。かくして、再婚直前の『化学論集』編集と序文が、科学史のなかでの彼女の最後の公的な仕事となった。そのうえいまは十八世紀ではないのだ。

十九世紀はラヴワジエ夫人のような女性を科学から二重に引き離した。それというのも科学研究のスタイルが変わったからである。フランスでは科学はいまや、新しく設立されたエコール・ポリテクニークやエコール・ノルマル・シュペリオールをはじめとする、新しい形の男子高等教育機関で学ぶべきも

コラム17　アルクイユ会

ナポレオンとのエジプト遠征後に、ベルトレがラプラスと一緒につくった私的な科学サークル。会が催されたベルトレの別荘がパリ郊外のアルクイユにあったことからその名がついた。ここはさながらエコール・ポリテクニークの大学院のような集まりとなり、同校の優秀な卒業生であるアラゴー、ゲイ・リュサック、デュロン、ビオなどが師とともに熱心な科学談義を交わしたことで有名である。

のになってきた。さらにこれらグラン・ゼコールと呼ばれるエリート校のほかに、ナポレオン時代には大学にも理学部が設立され、そこで科学教育がなされるようになった。

グラン・ゼコールと大学の違いは、前者が入学試験によって学生を選抜し、学生には奨学金を与えるという方式を採用したことである。とくに技術官僚養成のエコール・ポリテクニークは数学の成績を重視した。理系の学校の入試で数学を重視するという、現在では当然となっているこの制度は、じつはこの時代に確立されたものである。こうすれば身分が高くても、数学のできない男子は入学できない。これは旧制度下では考えられなかったことであり、フランス革命の「平等」の精神を、男子に限っては実践した例のひとつである。十分とは言えないが、実験室もこれらの施設のなかにある。皮肉なことに、こういう近代的研究のスタイルは、マリー・アンヌがかつて属していたラヴワジエグループのなかにこそ芽生えていたのだ。ドイツに比べれば科学研究に関しても個人主義的傾向の強いフランスではあったが、第一線の科学研究は、場所的にも経済的にも徐々に個人の手を離れつつあった。何よりもそのための基礎教育が家庭よりも「学校（男子の中等・高等教育校）」のほうに大きくシフトしてきたのである。つまり、科学教育や研究におけるラヴワジエの理想は、彼の死後にこのような形で公的に具体化されたが、そのとき、かつてそこに私的に属していた妻は、生き残ってそこから自分が排除される現実と直面する羽目になったのである。

この、公教育における男女差に象徴されるように、人権宣言を謳い上げた革命とそれに続く第一帝政時代は、すべてのフランス人に市民としての権利を与えたわけではなかった。じつに革命期に「人権宣言は男権宣言でしかない」と明言した女性活動家が存在した。ラヴワジエ同様、断頭台の露と消えたオランプ・ド・グージュである。これは一九七〇年代にフランスのフェミニストたちが定着させるスローガンともなるが、彼女たちの指摘は的を射ている。グージュ曰く、女は革命の進展のなかで「税金を払う義務や断頭台に上る可能性はあっても、市民としての権利をもたない」中途半端な存在とされたのだから。こうしてフランス人民の半分——女——は学制のみならず革命期の一連の改革の多くから除外されたのである。とくにルソーの信奉者であったナポレオンの民法典は、女から多くの権利を奪った。サロンが科学にとってもひとつの学校であった時代はここに終わりを告げる。

こうして男性間の身分差を解消しようとする一連の動きのなかで、上流社会の女性にとっては知へのアクセスの可能性はむしろ狭まってしまったのである。ちょうどラヴワジエ夫人の後半生に当たる一七九五年から一八三〇年までの時期を「女の歴史の空白期間」と呼ぶ歴史研究者さえいる。そうして十九世紀のモラルも科学理論もこの民法典にますます近寄っていった。じつは十八世紀は性に関する科学理論の転換期でもあった。デュ・シャトレ夫人の時代にはそれほどでもなかったが、ラヴワジエ夫人の時代になると、解剖学や博物学の理論のなかで男女の身体的な差異が大きく強調されるようになり、生殖器のみにその差異をもとめていた昔の性差の理論を追放したのだ。曰く、男と女では小骨の先まで、髪の毛一本一本までまったく別の性質をもっている、と。そして社会のなかの男女の役割はこの「自然」の性質により決定すべきだという思想が台頭してくる。このような風潮のなかで、かつての宗教以上の強力さで、科学そのものが性別役割分業理論を支持し始めたのである。

「哲学の世紀の女」という刻印

だからマリー・アンヌに残っているのは自分の社交生活だけだった。実際それだけが彼女の革命前の活動のなかで、十九世紀の基準で見ても、唯一「女らしい」範疇に入れることができるものだった。彼女はその、自分に残された最後の砦のなかで、旧い友人や新しい科学教育を身につけた若者たちと交流した。またこの「生きている夫の未亡人」は、未亡人の自由を駆使して、ラムフォードとの別離後、イギリスを含む方々へ旅行していたことが最近発見された手紙類からわかってきた。マリー・アンヌは、外国にいる旧友の学者やその子供たちを訪ね、彼らとともにその地方の博物館を訪れたりして、科学との接点を保ち続けていた。しかし何と言っても、彼女の晩年を豊かに飾ったのは、その豪華絢爛で知的なサロンであった。

ギゾーは晩年のマリー・アンヌのサロンを、十八世紀のエスプリの化身として絶賛している。彼によれば、ラムフォード夫人のサロンはきわめて学際的であり、よそでは絶対同時に顔をそろえないような人間(政治的に反対派同士など)も招かれていて、それでいて友好的な雰囲気を壊すことがなかったという。ギゾーは、もしもフィロゾーフたちが生き返ってこれを見たら、自分たちの時代のサロンがここにあると思ったに違いないとまで言い切っている。たとえば次の記述は、ラヴワジエ・ド・ラムフォード夫人の晩年のサロンの、ほかでは見られなかった特徴と考えてよいだろう。

そこ〔ラムフォード夫人の館〕は政治的あるいは文学的な後援のための場、つまり己の財を増やしたり出世の準備をしたりする場ではなかったのだ。上品な交際から生まれる趣味、エスプリと会話の喜び、洗練された人びとの楽しみであり、多忙な人びとの気晴らしともなる社交生活の日々のエピソードに自分も寄与したいという望み。そこにこそ唯一の動機がある。ラムフォード夫人のところに足繁く寄り集う人びとを惹きつけているのはこの魅力なのだ。そしてこの常連客のなかにはじつにさまざまな分野の著名人が数多く含まれているのである。(Guizot, pp.1-2)

つまりここにあるのは絶対に金銭だけでは買えないし、また味わうこともできない価値なのだ。このサロンで得られる快楽はある種非常に抽象的なものであり、純粋で知的な「生きる喜び」なのだ。ギゾーはまた、次のようにも語っている。

コラム18　未亡人と旅行

当時の女性は夫の許可がないと旅行ができなかった。妻の居住地を決める権利も夫がもつ。一見例外があるようにも見える。たとえば有名なサロンの女主人であったジョフラン夫人は、かつての常連客だったポーランド国王スタニスワフ・ポニャトフスキの招待を受けて単独でポーランドまでの大旅行をしている。じつはこのとき彼女は未亡人であった。当時の女性で一番自由な立場はなんといっても裕福な未亡人だったのだ。

帝政下においてラムフォード夫人の館は、その普遍的な魅力のほかに、ある特別な美点を有していた。それはそこでのものの考え方や会話がよそゆきではないということだ。そこには、敵意も政治的な下心もない、精神と言語におけるある種の自由が君臨していた。ただただ精神の自由のみによって、当局がそのことを知ったり、それについて言ったりするかもしれないことを恐れることもなく、心安らかに考えたり話したりする習慣が存在していたのである。当時としてはなんという貴重な美点だったろう。〔…〕

王政復古の時代になると、〔…〕党派のもつ偏見や悪意がはびこりだしたのである。〔…〕自由な国々における社会のこのような悪しき風潮も、ラムフォード夫人の館にはほとんど、いやまったくと言っていいほど届かなかった。いままで同様、自由や公正さはいささかも、そこから消え去るがままにされることなどなかった。〔…〕かくしてラムフォード夫人の館では、夫人の望みに沿って、彼女の時代の、彼女をつくり上げた社交界の精神が生き続けていたのである。(Guizot, pp.30–32)

ギゾーの美化を割り引いて考えたとしても、移り変わる政権のなかで、そこにだけは十八世紀の自由で哲学的な雰囲気が漂っていたのだ。マリー・アンヌは十九世紀の女たることを拒絶した。そしてこれは革命を生き抜いたほかの「十八世紀の才女」たちに共通した傾向でもあった。国立学士院会員の化学者で、のちにラヴワジエ全集を刊行するベルトゥロも、この「生き残り」の才女たちの目撃者だった。彼によるラヴワジエの小伝の最後に次のような証言がある。それはギゾーの印象になんと酷似していることだろう。

これらの、私たちの時代までその生を長らえた十八世紀の女性たちは、きわめて独特な様をしているのが常であった。私はラムフォード夫人の知己を得たことはないが、三十年前に亡くなった年老いたラプラス夫人には会う機会があったし、九十歳代まで生きたエロルドの祖母にも会ったことがある。彼女はなんとルイ十五世の宮廷に伺候していたのである。どれほど年老いていようとも、これらの女性たちはこの、彼女たちが全盛を誇った時代を象徴づけた社交性と軽み、ユマニテと哲学に対する熱狂を合わせもち、失うことはなかった。その刻印はあまりにも強烈で、けっして彼女たちの内から拭い去られることはなかったのである。(Berthelot, pp.22-23)

彼女たちのサロンはいまは亡き哲学サロンの世紀、十八世紀への挽歌であり、自己主張する女性の、「新しい時代」に対する抵抗でもあったと言えよう。そしてこの抵抗は単に意地や復讐心のみに支えられていたのではない。彼女たちは喜びと誇りとをもって自分たちの社交のスタイルを貫き通したのだ。「自分にも他人にも社交の喜びを与え続けた」とギゾーに評されたマリー・アンヌは、七十歳代になってもなお大舞踏会を主催し、その様を生き生きと甥に書き送っている。

私は昨日、大規模な夜会を催したのですよ。大広間では舞踏会をしました。温室につながっている扉はみんな取り除いてしまったので、若い娘さんたちが私の広間を襲撃したのです。こうして広間はろうそくと美女たちで輝くことになり、本当に舞踏会を心地よいものにしてくれたのです。光栄なことに、オルレアン公爵〔時の王太子〕がここにお出ましくださったのです。しかもご親切なことに、そのことを告げられるために、当日の朝に私のところに伝令の兵士を遣わしてくださるというお心遣いまで示してくださったのです。(Dujarric, 1963, p.27)

こうして患うことなく、ラヴワジエ・ド・ラムフォード伯爵夫人は現役の社交夫人のまま死んだ。彼女は前日まで親しい友人との社交を楽しんだのち、一八三六年二月十日に突然この世を去った。その葬儀は盛大なもので、故人の生前の華やかな社交がそのまま葬儀の参列者であったと、ドゥラントの孫が書き残している。享年七十八歳。ルイ十五世からルイ・フィリップの治世まで、八つの政権の移り変わりを見定めたのちの死であった。

終章

ジェンダーの視点から見えてくるもの

『百科全書』第1巻の扉絵

こうして十八世紀の前半と後半を、物理学と化学という、その時期に大きく変化した分野に関わって生きたふたりの女性の生涯を見てきたわけだが、歴史のなかで彼女たちの存在はどういう意味をもつのだろう。それは二十一世紀の日本に生きるわれわれとどのように関わっているのだろう。

前の時代の続きから見れば、彼女たちは何と言っても、フォントネルの創造した「侯爵夫人」の姉妹たちだ。現実の才女たちから創造されたこの魅力的な架空の女性は、啓蒙時代のヨーロッパ、とくにフランスで新たな才女のロールモデルとなり、後世に大きな影響を与えたことは先に見たとおりである。

フランスがニュートンの理論を受け入れてゆく時代を生き、まさにそのニュートンの『プリンキピア』を仏訳した女性、さらに科学革命の成果をまとめた本である『物理学教程』を書いたエミリー・デュ・シャトレは断じて科学の「観客」ではない。では彼女は「侯爵夫人」とはかけ離れた存在なのだろうか。そうではない。先にも見たように彼女は少女の頃から『対話』を愛読していた。しかも自分の似姿が『対話』を真似たアルガロッティの本に載ったことを自慢し、明らかに「侯爵夫人」と自分をだぶらせていた。ニュートン啓蒙に燃えるヴォルテールにさまざまなインスピレーションを与えたのは彼女である。エミリーは男性哲学者の女神《ミネルヴァ》だった。

そして何よりもこのふたりの侯爵夫人を近づけているのは彼女たちの「女」であることへの固執、あるいは「妻役割」「母役割」の放棄である。デュ・シャトレ夫人は結婚制度には形式的に従い、侯爵夫人という身分は確保し、それにともなう最低限の義務は果たしたが、「妻役割」にも「母役割」にも興味はなかったし、そのことを隠そうともしなかった。しかもヴォルテールの求愛を受け入れてもなお、モーペルテュイへの未練を隠さない。この実在の侯爵夫人は架空の「侯爵夫人」よりもずっと「恋する女」である。その生涯の最後にサン・ランベールに綴った夥しい恋文にあふれる「女」への生々しい執着は、いまでもわれわれに強烈なインパクトを与えてくれる。

しかしこの女性は「侯爵夫人」の役割を超えて行動した。ヴォルテールの支持する理論と自分の意見が違う場合は、ためらいながらも、それを公言することを辞さなかった。ここに「侯爵夫人」との決定的な差があらわれる。つまりデュ・シャトレ夫人は「男学者の言い分にただ賛成する女」ではないのだ。そのうえ周囲に学者として認められたいという自分の野心を隠さない。とくに『物理学教程』はその序文が明らかにしているように、科学を「語る女」と「聞く男」という想定のもとに全体が構成されている。実名と自分の肖像画を載せた第二版で彼女の自己主張は決定的なものとなる。しかも彼女はただ「語る」だけではない。科学のことで「戦う」女でもあった。メランとの活力論争によって、彼女は科学のことでジャーナリズムに「語られる」対象ともなるのである。彼女は自分で書いた書簡という直截的な方法で論争し、「女らしい」代理の権力をいっさい使わなかった。これは「侯爵夫人」に期待された役割とは完全にかけ離れている。

最後の作品である『プリンキピア』仏訳・注釈では微積分を駆使してこの大著をわがものにした。この作品のジェンダー的意義は、ここでデュ・シャトレ夫人が高等数学という「男らしい」分野をマスターしたことにとどまらない。彼女がクレローの協力を仰いだことにより、ここに科学に関して「協力する男」と「協力させる女」という構図を出現させたことだ。女性はつねに科学の「協力者」としては歓迎されたが、「協力させる者」ではあり得なかった。デュ・シャトレ夫人は最後の作品でこの一般的構図を完全に覆したのである。

かくして、デュ・シャトレ夫人は、十八世紀の一般の才女たちと多くの類似点を有しているだけでなく、対照的な存在でもある。彼女はフォントネルの用意した「近代科学を後援する貴婦人」という役割を支持する女性たちのなかから生まれ、その役割を超えようとした存在なのだ。

ではラヴワジエ夫人はどうなのか。彼女もデュ・シャトレ夫人同様、「侯爵夫人」の発展的姉妹なのだろうか。

一見すると、ラヴワジエ夫人はデュ・シャトレ夫人よりも「侯爵夫人」に似ている。彼女は誰もが認める化学革命の女神《ミューズ》だった。美しく、社交に長け、知識人たちの中心にあって、彼らからの賞賛を浴びて優雅に新化学啓蒙を行なった。彼女のサロンで行なわれたフロギストン敗北のしゃれたイベントは、才女たちが君臨するパリ社交界ならではのものであり、いならぶヨーロッパの知識人はその華やかさに圧倒された。恋愛においてもマリー・アンヌは「侯爵夫人」に近い。革命前のラヴワジエ夫人は、デュ・シャトレ夫人のような、誰から見ても溺れていることがわかるような恋愛はしなかった。彼女は男性知識人たちからの、エロティシズムの混じった賞賛をたくみに受け流し、誰からも批判されずにその美貌と知性に裏打ちされた自分の魅力のかもしだす権力を楽しんだ。

ではラヴワジエ夫人は科学の観客だったのか。そうではない。彼女はサロンのなかでと同様に、実験室のなかでも化学革命の成功に協力したのだ。マリー・アンヌもやはりエミリーのようにこの学問に精通したいと願い、そこに自分の価値をあずけ、自分を解放してくれる何かを、新化学の推進活動に見出し得ると信じたのだ。問題は、この「研究協力者」というラヴワジエ夫人の役割をどう解釈するのかということだ。ここで見てきた彼女の生涯がわれわれに教えてくれるものは、デュ・シャトレ夫人以上に、女性の世紀と呼ばれた十八世紀の、それもその傾向が傑出していたフランスの栄光と矛盾ではなかろうか。しかもマリー・アンヌはその時代の終わりを超えて生き延びた。フランス革命が切断したふたつの時代を生きたこの女性の存在は、「女の歴史の空白期間」であると同時に、科学の制度化が始まった時代、つまり十八世紀末から十九世紀初頭に、この制度化を推し進めた国民国家が、同国民の半分をどのように定義したかを教えてくれる試金石ともなったのである。

たしかにラヴワジエ夫人の生涯には、『対話』での「語る男」と「聞く女」という当時のジェンダー規範に似た構図がつきまとう。指導者はいつもラヴワジエだ。彼女は生徒でしかない。これは男性教授と有能な女性の助手というよくある組み合わせ以外の何者でもない。しかしだからこそ、この「科学史に偉大な足跡を残した男性に協力した女性」として歴史に名を残したラヴワジエ夫人の立場は、むしろ単独で活躍した女性についての研究よりも、科学研究の現場においていまだ「普遍的」なジェンダー問題を鮮明に浮かび上がらせてくれる。

それというのも、エミリー・デュ・シャトレやラウラ・バッシ、あるいはメアリー・サマーヴィルのような、身近な男性の科学知識のほうが劣っていたことが当時から周知であった女性、あるいは単独研究者の女性は、たいてい「自分自身の作品」を残しているし、本人が書いた手紙もかなり残っている。

したがって、彼女たち自身の意思や業績を本人の言葉から知ることができる。本書でもデュ・シャトレ夫人の生の声は多数収録してあるが、ラヴワジエ夫人についてはおなじようにできなかった。そこまでの史料が残っていないからだ。これは科学に関わった、あるいは現在関わっている女性全体を象徴する現象である。じつは現在の科学の現場でもほとんどの女性は、ラヴワジエ夫人のような「男性科学者の補助」と定義されており、直接の史料はきわめて少ないのである。こうして、とくに優秀な男性を補助した女性像は男性側の証言によって美化され、彼女の利害や欲望はないものにされてしまう。「侯爵夫人」はいつでも気楽で楽しいはずだと思い込まれる（あるいは思い込みたい）のだ。

有能な男学者に囲まれていたラヴワジエ夫人は、科学においては「指示される」側にとどまり続け、目撃者としては稀有な体験をした女性となったが、『対話』が示しているジェンダー規範を超えるような行動はとらなかった。それゆえにこそ彼女は「（夫に）霊感を与える女神《ミューズ》にして秘書」と長きにわたって男たちに賞賛されたのだ。この賞賛はつまるところ、「男を支援する女」というジェンダー規範を外さなかった女性に対する男性たちの安堵の印である。彼らはけっして彼女が「生徒」でしかないことに感じていた引け目を理解することはなかった。再婚の破綻がこの無理解を雄弁に物語っている。ここにきてマリー・アンヌは優雅な「侯爵夫人」と決定的に袂を分かつ。彼女が社交や研究協力に関して自分の意思を通そうとしたとき、それを認めないラムフォードは妻から逃げ、同時代人も、あるいはのちの研究者でさえ、この「夫（男）に逆らう妻（女）」を嘲笑したのである。しかしこの醜聞は同時に、代理の権力はやはりむなしいし、人は男であれ女であれ、それでは本当の満足を得ることはないのだということをわれわれに教えてくれる。「霊感を与える女神《ミューズ》」が幸せそうに見えるのは物語のなかでだけだ。現実の女性は「侯爵夫人」のようにはいかない。つかのまの「侯爵夫人」は存在しても、トータルな人生を「侯爵夫人」として幸福に生きるのは無理なのだ。そしてこの、ラヴワジェ・ド・ラムフォード夫人の反抗に対する二百年にわたる批判はまた、この幸福と主体性に関する単純な事実を、男については認めても、女に対しては容易に認めようとしない、社会における根深いジェンダーの非対称性の存在を浮き彫りにしてくれる。

したがって、ジェンダー規範という意味ではラヴワジエ夫人はデュ・シャトレ夫人よりも「侯爵夫人」に近い存在かもしれない。しかし自分の限界に悩み、「女性史の空白期間」たる十九世紀初頭においても、毅然として十八世紀的サロンを維持し続けたその姿勢は、男同様、女も何かの「観客、庇護者」であることだけでは満足できないことを示した意味で、やはり「侯爵夫人」を超えた存在であると言えよう。

彼女たちはたしかに過去の、しかも遠い異国の特権階級の女性だ。その栄光は何と言っても、われわれには想像することが難しい当時の階級制度あってこそのものである。しかしその喜びや悩みには、いまのわれわれに通じるものがたしかにある。そして何よりも、彼女たちに対する二百年以上にわたる(おもに男性研究者が投げかけてきた)まなざしは、生きた現在の問題である。その賞賛にも批判にも、当時の、そして現在のジェンダー問題が隠されている。だからわれわれは、彼女たちに関する一次史料のみならず、あらゆる二次史料に対してもジェンダーの視点を忘れてはならない。このような視点は同時に、科学に関する現在進行形の問題にとっても「別の解釈」を提示するための有用なアプローチのひとつとなるであろう。本書がこのような改革の一助になれば幸いである。

おわりに

著述が行き詰って長いこと原稿をたなざらしにしていたときに、エドワード・サイードの『知識人とは何か』（平凡社、一九九八）を読んだ。目が覚める思いだった。名前だけは知っていたが、私はこのアメリカ国籍のパレスチナ人学者の作品を読んだことがなかった。ここで述べられている「知識人」の定義こそ、まさに啓蒙時代のフィロゾーフたちがそうあろうとした姿だった。サイード自身もカラス事件の真相を追究するヴォルテールの姿勢を「真正の知識人のもの」と高く評価している。知識人はアマチュアリズムを尊重すべきであるというサイードの主張は、枝葉末節にとらわれ、専門分化している今日の学者たちに厳しく突きつけられた言葉である。

たしかに論文や本を書くときは、原典だけでなく過去の研究文献を調べなければならない。とくに二十一世紀の日本に生きる人間がデュ・シャトレ夫人やラヴワジエ夫人などという、国も文化も違う人物について調べるならば、その時代の雰囲気を知るためにも、多数のさまざまな文献を調べることは絶対に必要だ。しかしそれが行き過ぎると最初にこのテーマに惹かれた理由がどこかにいってしまいかねない。とくにジェンダーの視点から物事を考えるならば、その、最初の「個人的」印象こそ、作者が最後まで考え続けなければならないことがらなのだ。その「私個人」の好みと、十八世紀のフランスと、いまの日本がどのようにつながっているのか。この問題意識を離れてはいくら「正しく」参考文献を網羅したところで、その研究にどんな意味があるだろう。それはその分野の研究者にとって便利な字引以上の価値はもつまい。

サイードは、知識人の心は「故国喪失者（ディアスポラ）」であるべきだと言う。どこにも属さず、属すという発想そのものに嫌悪を感じることこそ、知識人の反応なのだ、と。だとすれば本当の意味では文芸共和国に属することを最初から拒まれていたデュ・シャトレ夫人やラヴワジエ夫人こそ、この「知識人」の定義にふさわしい人物だろう。それが宗教的理由であれ、「自然に反する」という理由であれ、科学に参加しようとした彼女たちはその存在そのものが脅威と見なされ、共同体をかく乱した者として孤独を強いられた。いまに至るまでの彼女たちの偏った描かれ方がその証拠だ。「男の（それも優秀な男の）協力者」という立場をひとたび離れると、彼女たちは手のひらを返したように批判される。もちろんいまでも賞賛者はいる。しかし当時もっとも強力な味方であったはずのヴォルテールやモーペルテュイ、あるいはラヴワジエやソシュールといった男たちですら、彼女たちの特殊な立場を本当の意味で理解することはできなかった。彼女たちの思想そのものは、当時のフィロゾーフの基準から言えばもっともラディカルなものではない。女性の社会進出については、ヴォルテールやコンドルセのほうが、デュ・シャトレ夫人よりずっと革新的な主張をしていることもある。とくにラヴワジエ夫人は夫の存在があまりにも大きかったので、彼女自身の思想は見えにくい。おそらく女性について何か書き残したとしても、そんなに大胆なことは書かなかったに違いない。しかし革命後のマリー・アンヌの生き方とそれに対する同時代の男たちの批判こそ、彼女が彼らの生の基盤を脅かす存在、つまり社会にゆさぶりをかけた存在であったことを端的に示している。当時から現代に至る彼女へのこの批判こそが、ラヴワジエ夫人もまた、サイードの言うところの「知識人」たる資格をもつ証拠と言っていいのではなかろうか。

このふたりの女性は、何よりもまず、生きることを通して自分の欲望と野心を主張し、この世界への自分自身の参加を表明したのだ。科学の本を書き、翻訳し、版画を彫り、それを「公表」することで。あるいは当時の風潮を無視して自分だけの好みで選んだ客たちに前世紀風の豪華なサロンを提供し、自分の社交のルールを彼らに厳守させることで。

そうは言っても、「それはそうと、彼女たちのオリジナルの業績は何ですか」という「専門家」の質問がすぐに出てくる現状があるのも事実で、そんなことはここでは意味がないという姿勢を貫くためのアマチュアリズムを、著者が最後までもち続けるのはなかなかに難しいものがあった。加えて、サイエンス・ウォーズで表面化したポストモダン理論に代表される社会構成主義者と科学者のかみ合わない対立も著者を消耗させた。その論法には新鮮さがあったものの、当初のインパクトを失って現実から遊離し、単なる知的遊戯に陥りがちな、ポスト・○○理論の暴走はどうしても著者には納得できなかった。

とくにそれを始めた人びとではなく、それに追随して何に対しても「これは言説に過ぎない」と声高に主張する人びとの態度により納得がいかなかった。なぜならこういった論法の帰結の多くは、結局マイノリティを差別する側に有利に働くことのほうが多かったからだ。そんなこんなで、ほとんど完成していた本書の原稿を長い間中断してしまった。

そうこうしているうちに国立大学が独立法人化され、著者をはじめとして多くの大学人はさまざまな嵐に翻弄されることになった。そこでは知識人と称する人びとのあまりの弱さが露呈された。また現代はポストモダンだと騒ぐ人びとの見解に反して、この改革で見られたことがらのほとんどは、どう考えても「近代以前」のできごとであった。そういう意味では近代の誕生期に生きたこのふたりの女性の生き様も、まだまだ二十一世紀を生きるわれわれにとって多くの示唆を与えてくれるものになると思ったしだいである。それで著者は、かなりクラッシックな手法と著者の「直感」を元に、自由な形式で本書を仕上げることに決めたのである。

ひとつだけ心残りなことがある。デュ・シャトレ夫人が激しい恋愛を求め続けた理由を説明できるだけの史料が見つからなかったことだ。ヴォルテール以外の男性と彼女との恋愛を見ていると、まるで自分から不安要因を探しているかのようだ。それはラヴワジエ夫人の恋愛とはまったく違っている。通常デュ・シャトレ夫人の少女時代は、愛と富と理解のそろったものだったとされている。本当だろうか。完全な安心のなかで育った少女が、ここまで激しい不安を求めて恋にのめり込むだろうか。社会の女性差別だけで、ここまで科学と愛のはざまで揺れ動くだろうか。ヴォルテールが愛に自信がなかったことは理解できる。その弱い肉体と、愛に恵まれなかった（と彼が思っていた）子供時代が、彼を愛に対してより臆病な人間にしたのだ。歴史研究者としては、史料のないものに対してこれ以上のコメントはできない。しかしいつの日にか、この、エミリー個人と社会をつなぐ輪（それはやはり一種のジェンダー問題であろうが）を見つけることができたらと願うしだいである。

最後に、本書に対して有形、無形の援助をしてくださったすべての人に感謝したい。とくに著者がフランス留学中およびそののちに知り合った三人のフランス人女性、故ミシェル・グーピル（ラヴワジエ委員会前事務局長）、ドミニク・フェリオ（国立技芸院教授、技芸博物館前館長）、シュザンヌ・デバルバ（天文学者、天文学史研究者）の三氏に感謝したい。実際の研究や史料に関しては、ラヴワジエ委員会の現事務局長であるパトリス・ブレ氏をはじめとした男性研究者の協力のほうが大きかったが、何と言っても前三女性は、科学史のなかで当時（一九八〇から九〇年代）日本で女性のロールモデルが見出せなかった著者にとって、科学と歴史の双方に関わる学問において堂々と社会進出し、評価されている女性の先輩として大きな心の支えであった。「たとえマイノリティであっても、本当の才能さえあれば、あるいは一生懸命努力すれば頭角をあらわす」などという一見もっともらしい論法はうそっぱちである。ボーヴォワールが『第二の性』で述べているように、裾野のないところでは、頂上も低いのだ。ボーヴォワールの名が出たついでに言わせてもらうなら、「ボーヴォワールなど旧い」という人びとはうさんくさい。予備校生の頃に『第二の性』を読み、最近新訳を読んだが、細かいことはともかく、彼女が提案した問題はまだまだ現在を生きている。私は本書の中断中にトリル・モイの『ボーヴォワール、女性知識人の誕生』（平凡社、二〇〇三）を読み、新訳を読んだときに感じたボーヴォワールの先駆性と現代性をさらに確信した。この本のおかげで、モイがそのなかで引用していたサイードの先の本と出会ったのである。

話を戻すと、著者は先の三人のフランス女性が、さまざまな攻撃や困難をかわし、また仲間たちの協力に支えられて前向きに生きる様を見て、自分もまた彼女たちのように自分自身の主張をもった生活者でありたいし、あれるはずだという確信を養うことができた。これは、どれほど親切で教養のある男性研究者が著者をはげましてくれても、やはりそう簡単に女性である著者がもつことのできなかった確信である。しかもこの三女性たちは、仕事において優秀であるだけでなく、著者のような自分たちの後輩にあたる女性研究者をはげまし、もてなしてくれるだけの心と財布の余裕があった。残念なことにグーピル氏は志半ばで斃れる形になったが、それでも彼女が世界中の多くの後輩に残したものは大きい。京都大学や東京大学という、男ばかりの大学の、しかも理科系学部で、直接の教師は全部、同級生もほとんどが男という環境で学生時代を過ごした著者は、日本ではこのような機会をもてなかったので（当時でも文学や教育などの女性の多い分野や、ほかの大学——とくに女子大——ではそういう機会もあったのだと思うが）、留学生という心細い身分で過ごす異国で、文化や世代を超えたこのような同性の先輩の心遣いは言葉に尽くし難いほどうれしかった。著者もまた、彼女たちのようにありたいと思って過ごしているが、それがかなっているかどうかの判断は後輩にゆだねる。

最後の最後になったが、著者の遅筆に付き合ってくれた東京大学出版会の丹内利香さんと、これは男性だが、著者の傍らでつねに著者をはげまし、さらに得意の語学（とくにラテン語とイタリア語）とコンピューターで本書の執筆を助けてくれた、パートナーの斎藤憲に感謝したい。

事項索引

ア 行

カ 行

サ 行

タ 行

ナ　行

ハ　行

マ　行

ヤ　行

ラ　行

人名索引

ア 行

アッサンフラッツ　Jean-Henri, HASSENFRATZ (1755-1827)　171, 198
アラゴー　François, ARAGO (1786-1853)　222, 224, 225, 227
アリストテレス　Aristoteles (B.C.384-B.C.322)　5, 6, 61, 95
アルガロッティ　Francesco, ALGAROTTI (1712-1764)　71-79, 81, 84, 85, 87, 88, 236
アンリ四世　Henri IV (1553-1610)　14
ウェルギリウス　Vergilius (B.C.70-B.C.19)　33
ヴォルテール　François Marie AROUET, VOLTAIRE (dit) (1694-1778)　ix, 26-29, 32-34, 42, 51-53, 55, 58-60, 62-64, 67-72, 74, 78, 80, 81, 84-94, 96-98, 101-104, 106, 108, 112, 113, 131, 139, 140, 142-145, 147, 149-152, 160, 168, 236, 237
ヴォルフ　Christian WOLFF (または WOLF) (1679-1754)　104, 106, 109-111
オイラー　Leonhard EULER (1707-1783)　91, 93, 99

カ 行

カッシーニ（二代目）　Jacques CASSINI (1677-1756)　86
カデー・ド・ガシクール　Louis-Claude CADET DE GASSICOURT (1731-1799)　195
ガリレイ　Galileo GALILEI (1564-1642)　v, 5, 13, 73, 114
カーワン　Richard KIRWAN (1733-1812)　156, 159, 161-166, 176, 182
キケロ　Cicero (B.C.106-B.C.43)　33
ギゾー　François Pierre Guillaume GUIZOT (1787-1874)　35, 207, 210, 219, 230-233
ギトン・ト・モルヴォー　Louis Bernard GUYTON DE MORVEAU (1737-1816)　161, 174, 182, 198, 206
キャベンディッシュ　Henry CAVENDISH (1731-1810)　159
キュビエ　Jean-Leópold-Nicolas-Frédéric, dit George, baron de CUVIER (1769-1832)　223, 225
グージュ　Olympe de GOUGE (1748-1793)　229
クラーク　Samuel CLARKE (1675-1729)　126, 127

サ　行

タ　行

ナ 行

ハ 行

マ　行

マンドヴィル　Bernard MANDEVILLE (1670-1733)　64,66,72,73
メスレー　Jean-Baptiste ROUILLÉ, comte de MESLAY (1656-1715)　90
メラン　Jean-Jacques Dortous de MAIRAN (1678-1771)　110,123-126,128-133,237
モーペルテュイ　Pierre-Louis Moreau de MAUPERTUIS (1698-1759)　52-55,58,59,62,65,70,72,74,76,79,81-89,91-93,97,100,101,104,106,108,114,142,146,187,237
モリエール　Jean-Baptiste POQUELIN, MOLIERE (dit) (1622-1673)　14,16,18,19,22,23,180,219
モレル師　l'abbé André MORELLET (1727-1819)　197,198
モンジュ　Gaspard MONGE (1746-1818)　160

ヤ　行

ヤング　Arthur YOUNG (1741-1820)　176,178,179

ラ　行

ライプニッツ　Gottfried Wilhelm LEIBNIZ (1646-1716)　5,10,22,52,100,110-113,115,116,124,126,127
ラヴワジエ　Antoine-Laurent LAVOISIER (1743-1794)　10,26-28,32,35,36,43-46,94,154-175,180-196,198,201-212,218,221,225,228,239
ラヴワジエ夫人（後のラムフォード夫人）　Marie-Anne-Pierette Paulze LAVOISIER（後の comtesse de RUMFORD）(1758-1836)　v,ix,x,4,11,26,28,35,36,38,40,43-50,65,69,153-234,238-241
ラ・カイユ師　l'abbé Nicolas-Louis de LA CAILLE (1713-1762)　33,181
ラグランジュ　Josephe Louis LAGRANGE (1736-1813)　160,196,208
ラ・コンダミーヌ　Charles-Marie de LA CONDAMINE (1701-1774)　82
ラ・ファイエット夫人　Marie-Madeleine Pioche de la Vergne, comtesse de LA FAYETTE (1634-1693)　58
ラプラス　Pierre Simon, marquis de LAPLACE (1749-1827)　10,160,198,203,208,223-225,227
ラムフォード伯爵　Benjamin THOMPSON, count RUMFORD (1753-1814)　208-214,216-220,226,227,230,240
ランブイエ夫人　Catherine de Vivonne, marquise de RAMBOUILLET (1588-1655)　14
ランベール夫人　Anne-Thérèse de Marguenat de courcelles, marquise de LAMBERT (1647-1733)　19
ルイ十四世　Louis XIV (1643-1715)　7
ルイ十五世　Louis XV (1710-1774)　16,41
ルイ十六世　Louis XVI (1754-1793)　174

参考文献

科学史関係と18世紀関係の書誌は膨大なので，ここでは本文で引用した文献と，デュ・シャトレ夫人とラヴワジエ夫人に直接関係する文献だけをあげた．本文中の出典のページ数は，翻訳のあるものは基本的に翻訳のページ数だが，年代は原書の年代を記した．ただし訳文はたいていは著者が訳し直した．また書簡集の引用に関しては，それぞれに下記の略号をつけ，ページ数ではなく書簡番号で示した．

デュ・シャトレ夫人の作品

"Lettre sur les Elemens de la philosophie de Newton", *Journal des savants*, septembre, 1738: 534-541.

Institutions de physique, Paris, Prault, 1740.

Institutions de physique, Amsterdam, Chez Pierre Mortier, 1741a.

Institutions de physique, Londres, Paul Vaillant, 1741b.

*Réponse de Madame *** à la lettre que M. de Mairan, secretaire perpetule de l'Académie Royale des Sciences, lui a écrite le 18 Fevrier 1741. sur la question des forces vives*, Bruxelles, Chez Foppens, 1741c.

Institutions physiques 2ème éd., Amsterdam, Aux Depens de la Compagnie, 1742.

（イタリア語訳: *Institutions di fisica*, Venezia, Presso Giambatista Pasquali, 1743）

（ドイツ語訳: *Naturlehre an Ihren Sohn*, Halle & Leipzig, Rengerischen Buchhandlung, 1743）

Dissertation sur la nature et la propagation du feu, Paris, Prault, 1744.

Issac NEWTON, *Principes Mathêmathiques de la Philosohie Naturelle*, 2 toms., Paris, Desaint & Lambert, 1759: rep., Paris, Jacques Gabey, 1990.（翻訳と注釈を担当）

Ira O. WADE, *Studies on Voltaire With Some Unpublished Papers of Mme du Châtelet*, Princeton, Princeton Univ. Press, 1947.（『蜂の寓話』仏訳その他未発表原稿を収録）

Lettres de la marquise du Châtelet（LCと略）, introduction et notes de Théodore Besterman, Genève, Portrait, 2 vols., 1958.

Discours sur le bonheur, introduction et commentaire de Robert Mauzi, Paris, les Belles-Lettres, 1961.

Lettres d'amour au marquis de Saint-Lambert（LAと略）, Textes pésentés par Anne Soplani, Paris, Méditerranée, 1997.

Thomas WOOLSTON, *Six discours sur les miracles de Notre Saveur*, deux traductions manuscrites du XVIIIe siècle dont une Mme du Châtelet, éd. par William Trapnell,

Paris, Honoré Champion, 2001.

ラヴワジエ夫人の作品および草稿

Richard KIRWAN, *Essai sur le phlogistique et sur la constitution des acides*, traduit de l'anglais, avec des notes de MM. de Morveau, Lavoisier, de la Place, Monge, Berthollet et de Fourcroy, Paris, rue et hôtel Serpente, 1788.（翻訳，翻訳者の序文，翻訳者注を担当）

"Préface du traducteur", manuscrit, No.118A, B, C, D, E, Fonds Lavoisier, Archives de l'Académie des Sciences.（上記の翻訳者の序文の草稿）

Antoine-Laurent LAVOISIER, *Traité élémentaire de chimie*, 2 toms., Paris, Chez Chuchet, 1789; rep., Paris, Jacques Gabay, 1992:『化学原論』科学の名著 III-4（坂本賢三編集，柴田和子訳）朝日新聞社，1988.（実験器具の版画担当）

Richard KIRWAN, "De la force des acides et de la proportion des substances qui composent les sels neutres", "Suite du mémoire sur la force des acides et sur la proportion des substances qui composent les sels neutres", *Annales de Chimie*, XIV, juillet, 1792: 152-211, 238-286.（翻訳と翻訳者注担当）

"De la force des acides", manuscript, No. 340, Fonds Lavoisier, Archives de l'Académie des Sciences.（上記の原稿の草稿）

Dénonciation presentée au Comité de législation de la Convention nationale, contre le représentant du Peuple Dupin; par les Veuves et Enfans soussignés des ci-devant Fermiers Généraux, Paris, Chez Du Pont, l'An III de la République (22 messidor), 1795.（George Montcloux *fils*, Pignon, *veuve* de La Haye & Papillon-Sannois, *fils* de Papillon-Autroche との共著）

Addition à la Dénonciation presentée au Comité de législation; contre le représentant du Peuple Dupin; par les Veuves et Enfans soussignés des ci-devant Fermiers Généraux, Paris, Chez Du Pont, l'An III de la République (7 thermidor), 1795.（同上の人物との共著）

Seconde addition à la Dénonciation presentée au Comité de législation; contre le représentant du Peuple Dupin; par les Veuves et Enfans soussignés des ci-devant Fermiers Généraux, Paris, Chez Du Pont, l'An III de la République, 1795.（同上の人物との共著）

Antoine-Laurent LAVOISIER, *Mémoires de chimie*, 2 toms., Paris, Chez Du Pont, 1805.（編集と序文担当）

本文で言及された上記以外の1次史料およびそれに準じる文献

Francesco ALGAROTTI, *Il newtoniasmo per le dame, ovvero dialoghi sopra la luce e i colori*, Napoli, 1737.（出版社名の記載なし）

Francesco ALGAROTTI, *Le newtoniasme pour les dames, ou entretiens sur la lumière, sur les couleurs, et sur l'attraction*, Traduits par Duperron de Castera, 2 toms., Paris, Montalant, 1738.（上記の本の仏訳）

Adrien DELAHANTE, *Une famille de finance au XVIIIe siècle: mémoire, correspondance et papiers de famille rémis en mise en ordre*, 2 toms. Paris, J. Hetzel, 1881.

Bernard le Bovier de FONTENELLE, *Entretiens sur la pluralité des mondes*, ed. by R. Shackleton, Oxford, Clarendon Press, 1955:『世界の複数性についての対話』（赤木昭三訳）工作舎, 1992.

François-Auguste Faveau, baron de FRÉNILLY, *Souvenir*, A. Chuquet éd., Paris, Plon-Nourrit, 1909.

Edmond & Joule de GONCOURT, *La famme au XVIIIe siècle*, Paris, Flammarion, 1982:『ゴンクール兄弟の見た 18 世紀の女性』（鈴木豊訳）平凡社, 1994.

Madame de GRAFFIGNY, *Vie privée de Voltaire et de Mme du Châtelet*, Paris, Chez Treuttel et Wurtz &c., 1820.

Madame de GRAFFIGNY, *Correspondance de Madame de Graffigny*, Vol. 1, Oxford, Voltaire Foundation, 1985.

Antoine GUILLOIS, *Le salon de Madame Helvétius*, Paris, Calmann Levy, 1894.

François GUIZOT, *Madame de Rumford*, Paris, Clapelet, 1841.

Antoine-Laurent LAVOISIER, *Traité élémentaire de chimie*, 2 toms., Paris, Chez Chuchet, 1789; rep., Paris, Jacques Gabay, 1992:『化学原論』科学の名著 III-4（坂本賢三編集, 柴田和子訳）朝日新聞社, 1988.

Antoine-Laurent LAVOISIER, *Mémoires de chimie*, 2 toms., Paris, Chez Du Pont, 1805.

Antoine-Laurent LAVOISIER, *Mémoires de physique et de chimie*, 2 vols., With an Introduction by Marco Beretta, rep., Bristol,Thoemmes Continuum, 2004.（上記の本の復刻版）

Antoine-Laurent LAVOISIER, *Œuvres de Lavoisier, Correspondance*（CL と略), éd par René Fric (toms.I–IV), par Michelle Goupil (tom.V), par Patrice Bret (tom.VI), Paris, Académie des Sciences, 1955–1997.（以下続巻が刊行予定）

Godfried Wilhelm LEIBNIZ,『ライプニッツ著作集』全 10 巻, 工作舎, 1989–1999.（ライプニッツ＝クラーク論争は第 9 巻に所収).

Sébastien G. LONGCHAMP & J. L. WAGNIERE, *Mémoire sur Voltaire*, 2 toms., Paris, Aimé André, 1826.

Jean-Jacques Dortous de MAIRAN, "Dissertation sur l'estimation & la mesure des forces motrice des corps", *Mémoires de l'Académie Royale des Sciences*, année 1728, 1730: 1–49.

Jean-Jacques Dortous de MAIRAN, *Dissertation sur l'estimation et la mesure des forces motrices des corps*, Nouvelle éd., Paris, Chez Jombert, 1741a.

Jean-Jacques Dortous de MAIRAN, *Lettre de M. de Mairan secretaire perpetuel de l'Académie Royale des Sciences a Madame* ***, Paris, Chez Jombert, 1741b.

Pierre-Louis Moreau de MAUPERTUIS, "Sur les loix de l'attraction", *Mémoire de l'Académie Royale des Sciences*, année 1732, 1735: 343–361.

André MORELLET, *Mémoires de l'abbé Morellet*, Paris, Mercure de France, 1988:「18 世紀とフランス革命の回想」『18 世紀叢書 1, 自伝・回想録』（鈴木峯子訳）国書刊行会, 1997.

Issac NEWTON, *Principes Mathémathiques de la Philosohie Naturelle*, 2 toms., Paris, Desaint & Lambert, 1759: rep., Paris, Jacques Gabey, 1990.

Marc Auguste PICTET, *Correspondance*, vol.4, Genève, Slatkin, 2004.

"Prix proposé par l'Académie Royale des Sceinces pour l'année 1738", *Mercure de France*, avril, 1736: 764-767.
Recueil des pièces qui ont renporté les prix de l'Académie Royale des Sceinces, I-VI, 1752.
Jecques ROHAULT, *Traité de physique, nouvelle* éd., 2 toms., Paris, Chez Guillame Desprez, 1705.
Hubert SAGET & Paolo CASINI, *De la nature et de la propagation du Feu : 5 mémoires pour l'Académie des Sciences 1738*, Wassy, ASPM, 1994.
Mary SOMERVILLE, *Personal recollections, from early life to the old age of Mery Somerville*, London, John Murray, 1873.
Journal de Trévoux, "Article LXVI," "Article LXVII," août, 1741, pp.1381-1389, 1390-1402.
VOLTAIRE, *Elémens de la philosophie de Neuton*, Amsterdam, Etienne Ledet, 1738.
VOLTAIRE, "Extrait de la Dissertation de Mad. L. M. D. C. Sur la nature du Feu", *Mercure de France*, juin, 1739: 1320-1328.
VOLTAIRE, "Lettres philosophiques", *Mélange*, Paris, Gallimard, Bibliothèque de la Pléiade, 1961:『哲学書簡』(林達夫訳) 岩波文庫, 1951, 1980 (2nd ed.).
VOLTAIRE, *Mémoires pour servir à la vie de M. de Voltaire écrits par lui-même*, Édition présentée et annotée par Jacques Bernner, Paris Mercure de France, 1965, 1988 (2nd ed.):『ヴォルテール回想録』(福鎌忠恕訳) 大修館書店, 1989.
VOLTAIRE, *Correpondance* (CV と略), Edition définitive par Th. Besterman, Genève, Institut et Musée Voltaire, 1968-1977 (次にあげる *Les œuvres complètes de Voltaire* の vols. 85-135 にあたる部分).
VOLTAIRE, *Eléments de la philosophie de Newton*, clitical edition by Robert L. Walters and W. H. Barber, *Les œuvres complètes de Voltaire*, vol. 15, Oxford, the Voltaire Foundation, 1992.
Arthur YOUNG, *Travels During the Year 1787, 1788 & 1789*, 2nd ed., London, Royal-exchange, 1794: rep., New York, AMS Press, 1971:『フランス紀行』(宮崎洋訳) 法政大学出版局, 1983.

デュ・シャトレ夫人に関する文献と本文で引用したその他の文献

赤木昭三・赤木富美子『サロンの思想史』名古屋大学出版会, 2003.
Linda D. ALLEN, *Physics, Frivolity and "Madame Pompon-Newton": The Historical Reception of the Marquise du Châtelet from 1750 to 1996*, Phd. Dissertation of University of Cincinnati, 1998.
Élisabeth BADINTER, *Émilie, Émilie ou l'ambition féminine au XVIIIe siècle*, Paris, Flammarion, Livre de Poche, 1983:『二人のエミリー』(中島ひかる, 武田満理子訳) 筑摩書房, 1987.
William H. BARBER, "Mme du Châtelet and Leibnizianism: the genesis of the *Institutions de physique*", *The Age of Enlightenment: Studies presented to Theodore Besterman*, ed. by W. H. Barber, Edinburgh-London, Olivier and Boyd, 1967: 200-222.
Pierre BRUNET, *La vie et l'œuvre de Clairaut (1713-1765)*, Paris, Puf, 1952.

M. CAPEFIGUE, *La marquise du Châtelet et les amies des philosophes du XVIIIe siècle*, Paris, Amyot, 1868.

Bernard COHEN, "The French Translation of Issac Newton's *Philosophiae Naturalis Principia Mathematica* (1756, 1759, 1966)", *Archives internationals d'histoire des sciences*, 21, 1968: 261-290.

Samuel EDWARDS, *The Divine Mistress*, London, Cassell, 1971.

Esther EHRMAN, *Mme du Châtelet, Scientist, Philosopher and Feminist of Enlightenment*, Leamington Spa, Berg, 1986.

François de GANDT, éd., *Ciray dans la vie intellectuelle, La réception de Newton en France, SVEC*, 2001-11, 2001.

Linda GARDINER JANIK, "Searching for metaphysics of science: the structure and composition of madame Du Châtelet's *Institutions de physique*, 1737-1740", *Study on Voltaire*, 201, 1982: 85-113.

Linda GARDINER JANIK, "Women in Science", *French Women and the Age of Enlightenment*, ed. by S. Spencer, Bloomington, Indiana Univ. Press, 1984: 181-193.

Erica HARTH, *Cartesian Women*, Ithaca and London, Cornell Univ. Press, 1992.

Carolyn ILTIS, "Madame du Châtelet's Metaphisics and Mechanics", *Studies in History and Philosophy of Sciences*, 8, 1977: 29-48.

Bernard JOLY, "Voltaire chimiste: l'influence des théories de Boerhaave sur sa doctrine du feu", *Revue du Nord*, 77-312: 817-843.

Keiko KAWASHIMA, "La participation de Madame du Châtelet à la querelle sur les forces vives", *Historia Scientiarum*, 40, 1990: 9-28.

Keiko KAWASHIMA, "Les idées sceintifiques de Madame du Châtelet dans ses *Institutions de physique*", *Historia Sceintiarum*, 3-1, 1993: 63-82 (1ère partie); 3-2, 1993: 137-155 (2ème partie).

川島慶子「*Journal de Trévoux* とシャトレ＝メラン論争」『名古屋工業大学紀要』, 46, 1994: 253-263.

Keiko KAWASHIMA, "Madame du Châtelet dans le journalisme", *LLULL*, 18, 1995: 471-491.

川島慶子「野心の誕生――デュ・シャトレ夫人『物理学教程』の起源 (1)」『名古屋工業大学紀要』, 48, 1996: 195-209.

川島慶子「化学者, 科学者, 学者――18世紀フランスにおける "savant" の意味と科学記事」『化学史研究』第23巻第4号 (77), 1997: 335-338.

川島慶子「デュ・シャトレ夫人とヴォルテールの『化学』研究:『火の本性と伝播についての論考』」『化学史研究』第24巻第4号 (81), 1998: 261-280.

Keiko KAWASHIMA, "Madame du Châtelet et Madame Lavoisier, deux femmes de science", *La Revue, Musée des arts et métiers*, mars, 1998: 22-29.

川島慶子「科学を『書く』女――エミリー・デュ・シャトレと『物理学教程』の誕生」『現代思想』, 28-2, 青土社, 2000: 226-241.

川島慶子「デュ・シャトレ夫人の『物理学教程』(1740) に見る啓蒙期のジェンダー問題」『女性学研究』(大阪女子大学女性学研究センター論集), 10, 2000: 55-71.

Keiko KAWASHIMA, "Birth of Ambition: Madame du Châtelet's *Institutions de physique*", *Historia Scientiarum*, 14-1 (82), 2004: 49-66.

Evelyn Fox KELLER, *Reflexions on Gender and Science*, New Haven & London, Yale Univ. Press, 1985:『ジェンダーと科学』(生島幸子・川島慶子訳) 工作舎, 1993.

Robert LOCQUENEUX, "Les *Institutions de physique* de Madame du Châtelet ou d'un traité de paix entre Descartes, Leibniz et Newton", *Revue du Nord*, 77-312, 1995: 859-892.

André MAUREL, *La Marquise du Châtelet*, Paris, Hachette, 1930.

Gilbert MERCIER, *Madame Voltaire*, Paris, Fallois, 2001.

Nancy MITFORD, *Voltaire in Love*, London, Hamish Hamilton, 1957.

Roger POIRIER, "Une lettre inédite de Saint-Lambert à Madame du Châtelet", *Revue d'histoire littéraire de la France*, 91 (4-5), 1991: 747-755.

René TATON, "Madame du Châtelet, traductrice de Newton", *Archives internationales d'histoire des sciences*, 22, 1969: 185-210.

Mary TERRALL, "Émilie du Châtelet and the Gendering of Science", *History of Science*, xxxiii, 1995: 283-310.

Mary TERRALL, "Genderd Spaces: Inside and Outside the Paris Academy of Science", *Configurations*, 2, 1995: 207-232.

辻由美『火の女 シャトレ侯爵夫人』新評論, 2004.

René VAILLOT, *Madame du Châtelet*, Paris, Albin Michel, 1978.

René VAILLOT, *Avec Madame du Châtelet, Voltaire en son temps II*, Oxford, Voltaire Foundation & Taylor Institution, 1988.

Ira O. WADE, *Voltaire and Madame du Châtelet: An Essay on the Intellectual Activity at Ciray*, Princeton, Princeton Univ. Press, 1941.

Ira O. WADE, *Studies on Voltaire With Some Unpublished Papers of Mme du Châtelet*, Princeton, Princeton Univ. Press, 1947.

Robert L. WALTERS, "Chemistry at Ciray", *Studies on Voltaire*, 58, 1967: 1807-1827.

Judith P. ZINSSER, "Translating Newton's *Principia*: The Marquise du Châtelet's Revisions and Additions for a French Audience", *Notes and Records of the Royal Society of London*, 55 (2), 2001: 227-245.

Judith P. ZINSSER, "Entrepreneur of the 'Republic of Letters': Émilie de Breteuil, Marquise du Châtelet, and Bernard Mandeville's *Fable of the Bees*", *French Historical Studies*, 25, 2002: 595-624.

ラヴワジエ夫人に関する文献と本文で引用したその他の文献

Marco BERETTA, "Lavoisier and his Last Printed Work: the *Mémoire de physique et de chimie* (1805)", *Annales of Science*, 58, 2001: 327-356.

Marecelin BERTHELOT, *La revolution chimique, Lavoisier*, 2e éd., Paris, Felix Alcan, 1902 (1er éd., 1890).

Suzanne, BLATIN, "Un amour physique et chimique", *Historia*, 356, juillet, 1976:

98-107.
Sanborn C. BROWN, *Benjamin Thompson, Count Rumford*, Cambridge, Mass. & London, The MIT Press, 1979.
Maurice DAUMAS, *Lavoisier*, Paris, Gallimard, 1941:『ラヴワジエ』(島尾永康・天羽均訳) 東京図書, 1978.
René DUJARRIC DE LA LIEVRE, *E.-I. Du Pont de Nemours, Elève de Lavoisier*, Paris, Libraire des Champs-Élysées, 1954.
René DUJARRIC DE LA LIEVRE, *Dame de la Révolution*, Périgueux, Fanlac, 1963.
Denis I. DUVEEN, "Madame Lavoisier", *Chymia*, 4, 1953: 13-29.
Denis I. DUVEEN & Lucien SCHELER, "Des Illustrations inédites pour les *Mémoires de chimie*, ouvrage postumes de Lavoiser", *Revue d'histoire des sciences*, 12, 1959: 345-353.
Charles Coulston GILLISPIE, "Notice biographique de Lavoisier par Madame Lavoisier", *Revue d'histoire des sciences et leur applications*, 9, 1956: 52-61.
Michelle GOUPIL, "Madame Lavoisier" in Lavoisier, *CL*, V: 271-273.
Eduard GRIMAUX, *Lavoisier, 1743-1794*, deuxième édition, Paris, Felix Alcan, 1896: rep., Paris, Jacques Gabay, 1992.
川島慶子「ラヴワジエ伝の中のラヴワジエ夫人像」『化学史研究』, 第 19 巻第 3 号 (60), 1992: 188-204.
川島慶子「『フロギストン論考』仏訳におけるラヴワジエ夫妻の協力」『化学史研究』, 第 22 巻第 3 号 (72), 1995: 163-179.
Keiko KAWASHIMA, "Madame Lavoisier: assistante invisible d'une communauté scientifique", *Bulletin of Nagoya Institute of Technology*, 47, 1995: 249-259.
Keiko KAWASHIMA, "Madame du Châtelet et Madame Lavoisier, deux femmes de science", *La Revue, Musée des arts et métiers*, mars, 1998: 22-29.
Keiko KAWASHIMA, "Madame Lavoisier et la traduction française de l' *Essay on phlogiston* de Kirwan", *Revue d'histoire des sciences*, 53-2, 2000: 253-263.
Keiko KAWASHIMA, "Madame Lavoisier et l' *Essai sur le phlogistique*", *Bulletin of Nagoya Institute of Technology*, 55, 2003: 159-161.
川島慶子「マリー・アンヌ・ラヴワジエ (1758-1836) ――二つの革命を生きた女」『化学史研究』, 第 31 巻第 2 号 (107), 2004: 65-95.
Keiko KAWASHIMA, "Madame Lavoisier: Participation of a *salonière* in the Chemical Revolution", ed. by Marco Beretta, *Lavoisier in Perspective*, Deutsches Museum, 2005. (刊行予定)
Madeleine PINAULT-SØRENSEN, "Madame Lavoisier, dessinatrice et peintre", *La Revue, Musée des arts et métiers*, 6, 1994: 23-25.
Jean-Pierre POIRIER, "Madame Lavoisier", *Actualité Chimique*, 2, mars-avril, 1994: 44-47.
Jean-Pierre POIRIER, *Histoire des Femmes de Science en France*, Paris, Pygmalion, 2002.
Jean-Pierre POIRIER, *La Science et l'Amour, Madame Lavoisier*, Paris, Pygmalion, 2004.
Antoine SCHNAPPER & Arelette SERULLAS éd., *Jacques-Louis David, 1748-1825*,

Paris, Edition de la rëunion des musëes nationaux, 1989.
W. J. SPARROW, "Count Rumford's Journal", *Archives internationales de l'historie des sciences*, 11 (42), 1958: 15-20.
W. J. SPARROW, *Knight of White Eagle: A Biography of Sir. Benjamin Thompson, Count Rumford (1753-1814)*, London, Hutchnson, 1964.

付録

資料1　『物理学教程』の目次

資料 2 『フロギストン論考』仏訳の目次

*のついている部分が，ラヴワジエグループによる反論部分.

*翻訳者〔ラヴワジエ夫人〕の緒言
〔カーワンの〕序文
*〔カーワンの〕序文に対するラヴワジエ氏の覚書
第 1 節 さまざまな種類の空気の重さについて
第 2 節 酸の合成および新しい理論の一般的原理について
*親和力表についてのラヴワジエ氏の覚書
第 2 節のつづき 水の合成と分解について
*水の分解と再合成についてのラヴワジエ氏の覚書
第 3 節 ヴィトリオル酸について
*ヴィトリオル酸あるいは硫酸についてのラヴワジエ氏の覚書
第 4 節 硝石の酸について
*ベルトレ氏による，硝酸についての観察
第 5 節 海酸について
*海塩酸についてのベルトレ氏の観察
第 6 節 王水について
*ベルトレ氏による，王水あるいは硫化塩の酸についての観察
第 7 節 燐酸について
*ド・モルヴォー氏からアッサンフラッツ氏に宛てた燐酸についての手紙
第 8 節 サッカリンの酸について
*フールクロワ氏による，糖の酸についての批判
第 9 節 金属の灰化と還元についてと固定空気の形成について
*フールクロワ氏による，金属の灰化，酸化金属，炭酸の形成，水の分解などについての批判
第 10 節 金属の溶解について
*フールクロワ氏による，金属の溶解についての批判
第 11 節 別の金属の使用による金属の沈殿について
*ラヴワジエ氏による，別の金属の使用による金属の沈殿についての覚書
第 12 節 異なる状態における鉄の性質とその鋼鉄への変換について
*モンジュ氏の覚書
結論
*ド・モルヴォー氏による，カーワン氏のフロギストンに関する論考の結論についての覚書

著者について

川島慶子（かわしま・けいこ）

1959年生まれ．1984年京都大学理学部地球物理学科卒業．1992年東京大学大学院理学系研究科科学史科学基礎論博士課程満期退学（1989年秋から2年間，パリの高等社会科学学院に留学）．1994年名古屋工業大学工学部講師．1996年同助教授．現在に至る．

研究テーマ：科学史，女性学．

主要著書：『ジェンダーと科学』（エヴリン・フォックス・ケラー著，共訳，工作舎，1993年），「ジェンダーの視点からサイエンス・ウォーズを『読む』」『現代思想』1998年11月号，「科学を『書く』女——エミリー・デュ・シャトレと『物理学教程』の誕生」『現代思想』2000年2月号他．

エミリー・デュ・シャトレとマリー・ラヴワジエ
18世紀フランスのジェンダーと科学

2005年5月30日　初版

［検印廃止］

著者　川島慶子
発行所　財団法人　東京大学出版会
代表者　岡本和夫
113-8654 東京都文京区本郷 7-3-1　東大構内
電話 03-3811-8814　Fax 03-3812-6958
振替 00160-6-59964
印刷所　新日本印刷株式会社
製本所　誠製本株式会社

© 2005 Keiko Kawashima
ISBN 4-13-060303-5
Printed in Japan

Ⓡ〈日本複写権センター委託出版物〉
本書の全部または一部を無断で複写複製（コピー）することは，著作権法上での例外を除き，禁じられています．本書から複写を希望される場合は，日本複写権センター（03-3401-2582）にご連絡ください．

本書はデジタル印刷機を採用しており、品質の経年変化についての充分なデータはありません。そのため高湿下で強い圧力を加えた場合など、色材の癒着・剥落・磨耗等の品質変化の可能性もあります。

エミリー・デュ・シャトレとマリー・ラヴワジエ
——18世紀フランスのジェンダーと科学

2021年5月20日　発行　①

著　者　川島慶子

発行所　一般財団法人　東京大学出版会
代 表 者　吉見俊哉
〒153-0041
東京都目黒区駒場4-5-29
TEL03-6407-1069　FAX03-6407-1991
URL　http://www.utp.or.jp/

印刷・製本　大日本法令印刷株式会社
URL　https://hourei.co.jp/

ISBN978-4-13-009155-8
Printed in Japan
本書の無断複製複写（コピー）は、特定の場合を除き、
著作者・出版社の権利侵害になります。